工业和信息化
精品系列教材·网络技术

Linux
操作系统基础与应用
(RHEL 8.1)

第2版

艾明 黄源／主编

张扬 龙颖 汤东 张鹏 陈艳／副主编

Linux Operating System Basics
and Applications

人民邮电出版社
北　京

图书在版编目（CIP）数据

Linux操作系统基础与应用：RHEL 8.1 / 艾明，黄源主编. -- 2版. -- 北京 : 人民邮电出版社，2024.7
工业和信息化精品系列教材. 网络技术
ISBN 978-7-115-64277-6

Ⅰ. ①L… Ⅱ. ①艾… ②黄… Ⅲ. ①Linux操作系统—教材 Ⅳ. ①TP316.85

中国国家版本馆CIP数据核字(2024)第079399号

内 容 提 要

本书共 11 个项目，以 Red Hat Enterprise Linux 8.1（缩写为 RHEL 8.1）为例，分别介绍 Linux 操作系统、Linux 图形化界面、Linux 常用 Shell 命令、用户和用户组管理、文件系统及磁盘管理、系统与进程管理、软件包管理、Linux 应用软件、网络配置、Linux 远程管理、Linux 安全设置及日志管理。本书将理论与实践相结合，通过大量案例的讲解帮助读者快速了解和应用 Linux 操作系统中的相关技术。

本书内容丰富、系统、全面，可作为职业院校计算机及其相关专业的教材，也可供广大计算机爱好者自学使用。

◆ 主 编 艾 明 黄 源
副主编 张 扬 龙 颖 汤 东 张 鹏 陈 艳
责任编辑 初美呈
责任印制 王 郁 焦志炜

◆ 人民邮电出版社出版发行   北京市丰台区成寿寺路 11 号
邮编 100164   电子邮件 315@ptpress.com.cn
网址 https://www.ptpress.com.cn
保定市中画美凯印刷有限公司印刷

◆ 开本：787×1092 1/16
印张：15.5   2024 年 7 月第 2 版
字数：384 千字   2024 年 7 月河北第 1 次印刷

定价：59.80 元

读者服务热线：(010)81055256   印装质量热线：(010)81055316
反盗版热线：(010)81055315
广告经营许可证：京东市监广登字 20170147 号

前言

在操作系统领域，免费、开源的 Linux 操作系统已经成为目前较为流行和安全的操作系统之一。Linux 操作系统类似 UNIX 操作系统，具备 UNIX 操作系统的各种优点，能运行在几乎所有的计算机硬件平台上，很多嵌入式、实时操作系统都是基于 Linux 内核构建的。Linux 操作系统从诞生至今，仅经过短短的 30 多年时间，便得到了迅猛发展。

本书全面贯彻党的二十大精神，聚焦贯彻新发展理念，构建新发展格局，加强基础研究，发扬科学精神，为建成教育强国、科技强国、人才强国添砖加瓦。本书以理论与实践相结合的方式，讲解 Linux 操作系统的基本知识以及使用 Linux 操作系统的基本方法。本书在内容设计上既包括详细的理论与典型的案例，又包括大量的实训环节，能激发学生的学习积极性与主动创造性，从而使学生学到更多有用的知识和技能。

结合近几年 Linux 的发展情况和广大读者的意见反馈，本书在保留第 1 版特色的基础上进行全面升级。第 2 版修订的主要内容如下。

（1）使用项目式教学的形式重新编排全书内容。

（2）将 Linux 操作系统版本由 6.9 升级为 8.1。

（3）由于 Linux 6.9 与 Linux 8.1 版本差别较大，因此本书对新版的 Linux 操作系统安装、图形化界面以及相关命令都进行了更新和修改。

本书特色如下。

（1）本书内容对接职业标准和岗位需求，以企业真实工程项目为依托进行设计，并将教学内容与 Linux 操作系统资格认证相结合。

（2）采用"理实一体化"的教学方式，既有教师讲述的内容，又有学生独立思考、上机操作的内容。

（3）提供丰富的教学案例及教学资源，包括教学课件、习题答案等。读者可登录人邮教育社区（www.ryjiaoyu.com）下载相关资源。

（4）紧跟时代潮流，注重技术变化。

（5）编写本书的教师都具有多年的教学经验，编写突出重难点。本书内容能够激发学生的学习热情。

本书建议学时为 64 学时，建议具体学时分配如下。

项目内容	建议学时
认识和安装 Linux 操作系统	4
操作 Linux 图形化界面	6
认识和使用 Linux 常用 Shell 命令	10
用户和用户组管理	6
文件系统及磁盘管理	6

项目内容	建议学时
系统与进程管理	6
软件包管理	6
使用 Linux 应用软件	6
认识网络配置	4
Linux 远程管理	6
Linux 安全设置及日志管理	4

本书由艾明、黄源任主编，张扬、龙颖、汤东、张鹏、陈艳任副主编。全书编写过程由艾明统筹，由黄源负责统稿。

本书是校企合作编写的成果，在编写过程中编者得到了中国电信金融行业信息化应用（重庆）基地总经理助理杨琛的大力支持。

由于编者水平有限，书中难免存在疏漏之处，衷心希望广大读者批评指正，来信可发送到编者电子邮箱：2103069667@qq.com。

编者

2024 年 6 月

目录

目录

目录

目录

项目
07　软件包管理 / 142

项目
08　使用 Linux 应用软件 / 161

目录

目录

项目
认识和安装Linux操作系统

01

【项目导入】

作为 Linux 操作系统的使用者，学习安装 Linux 操作系统是十分必要的。这是后续学习的基础。

本项目首先介绍 Linux 的起源与发展、特点、内核版本与发行版本和 Red Hat Enterprise Linux 简介，然后介绍安装虚拟机软件、创建 Linux 虚拟机、安装 Linux 操作系统、重装 Linux 操作系统、启动 Linux 虚拟机，随后介绍登录和关闭 Linux 操作系统，最后介绍虚拟机的捕获屏幕、快照管理和克隆管理等常见操作。

【项目要点】

① Linux 操作系统简介。
② 搭建 Linux 操作系统环境。
③ Linux 操作系统的基本使用方法。
④ 虚拟机的常见操作。

【素养提升】

信创产业，即"信息技术应用创新"产业，得名于我国在 2016 年成立的"信息技术应用创新工作委员会"及后续形成的相关产业联盟，并由此衍生了一个庞大、复杂的产业。

这个产业体系庞杂，但主要可以分为基础硬件、基础软件、应用软件和信息安全四大部分。其中，最基础、最底层的技术支撑，莫过于基础硬件和基础软件中的芯片与操作系统。如今我国正处于应用大规模落地的关键阶段，更需要从底层芯片、操作系统到整个生态的完整支持。

任务 1.1　认识 Linux 操作系统

学习任务

通过阅读文献、查阅资料，了解与认识 Linux 操作系统。

（一）Linux 的起源与发展

Linux 是一种类似 UNIX 的操作系统。

UNIX 是 1969 年由肯·汤普森（Ken Thompson）和丹尼斯·里奇（Dennis Ritchie）在美国贝尔实验室开发的一种多用户、多任务操作系统。UNIX 操作系统由于其出色的性能迅速得到了广泛的应用。但是，UNIX 操作系统价格昂贵而且不开放源代码，只能运行在特定的大型计算机上，无法运行在普通计算机上，这大大提高了普通用户使用 UNIX 的门槛。

1990 年，芬兰赫尔辛基大学的在校生莱纳斯·托瓦尔兹（Linus Torvalds）接触了 Minix 操作系统。Minix 操作系统是由安德鲁·斯图尔特·塔能鲍姆（Andrew S. Tanenbaum）发明的一种基于微内核架构的类似 UNIX 的小型操作系统。莱纳斯深受其影响，为了让更多的用户能够学习和使用 UNIX 操作系统，他着手开发了一个基于宏内核的能在 Intel x86 微机上运行的类似 UNIX 的操作系统内核，这就是 Linux 操作系统。1991 年，莱纳斯公布了第一个 Linux 的内核 0.0.1 版本。

莱纳斯一开始就把 Linux 内核源代码发布到互联网上，一大批爱好者及程序员陆续加入 Linux 操作系统的编写中，这使 Linux 技术得到迅猛发展。1996 年，Linux 的内核 2.0 版本推出时，在其上运行的软件已经非常丰富，这标志着 Linux 操作系统已成为一个成熟的操作系统。

随后，Linux 加入 GNU 工程，并遵循公共版权许可，允许商家在 Linux 上开发商业软件，因此其得到了越来越多国际知名信息技术公司的大力支持，如 IBM、Intel、Oracle 和 Sybase 等公司纷纷宣布支持 Linux 操作系统。手机操作系统——Android，也是基于 Linux 内核开发的。

（二）Linux 的特点

Linux 从诞生至今，短短 30 多年时间内迅猛发展并在全世界广泛流行，这与它以下的特点是分不开的。

1. 源代码开放

用户可通过各种途径获取 Linux 操作系统的源代码，并可根据需要修改和发布源代码。正是 Linux 操作系统坚持开放源代码的策略，使得越来越多的优秀程序员能够对 Linux 操作系统进行持续不断的改进，从而使 Linux 操作系统不断发展和成熟。

2. 多用户、多任务

Linux 操作系统支持多个用户同时登录和使用系统。Linux 操作系统通过权限保护机制保证各个用户在系统中资源的安全性，各个用户间互不影响。每个登录的用户可同时运行多个应用程序。

3. 丰富的网络服务功能

Linux 操作系统的网络服务功能十分强大，具备防火墙、路由器、Web 服务、FTP 服务、DNS 服务和 DHCP 服务以及邮件服务等常见网络服务功能。在互联网中，很多网络服务器是采用 Linux 操作系统提供的网络服务功能来实现的。

4. 对硬件配置要求低

Linux 操作系统目前可在各种大型计算机、小型计算机、工作站、便携式计算机、台式计算机等的硬件平台上运行，对硬件的要求不高，具备良好的可移植性。

5. 高效、稳定和安全

Linux 操作系统提供各种完善的内存管理功能、设备管理功能及权限管理功能，这使得系统能够长期高效、稳定且安全地运行，极少出现感染病毒及死机等情况，更不用定期重启系统。

6. 图形化界面

如今 Linux 操作系统大多支持命令行界面和图形化界面。命令行界面通过在命令行中输入命令来操作，图形化界面通过鼠标、键盘等来操作。命令行界面占用资源较少，运行速度较快，图形化界面操作直观、方便。

（三）Linux 的内核版本与发行版本

Linux 版本可分为内核（Kernel）版本和发行（Distribution）版本两种。

1. 内核版本

Linux 内核是指在莱纳斯领导下开发完成的 Linux 内核程序。Linux 内核完成内存调度、进程管理、文件系统管理、设备驱动等操作系统的基本功能，通过 www.kernel.org 主网站和一些镜像网站发布。Linux 操作系统免费指的是 Linux 内核免费。

2. 发行版本

不同的厂商将 Linux 内核与不同的应用程序组合，形成了不同的 Linux 发行版。这些发行版本的区别在于发行的厂商不同、包含的软件种类不同、包含的软件数量不同、采用的内核版本不同。目前 Linux 发行版达到数百种，但不同发行版本的内核都来自莱纳斯的 Linux 内核。

Linux 操作系统主要的发行版本有 Red Hat、CentOS、Fedora、Debian、Ubuntu、Slackware、SUSE、Gentoo 等。

（四）Red Hat Enterprise Linux 简介

Red Hat Linux 是美国 Red Hat 公司的产品，是一个非常成功且历史悠久的 Linux 发行版。Red Hat Linux 版本从 1994 年的 0.9 版本一直发展到 2002 年的 9.0 版本，且都是桌面版。自 9.0 版本之后，Red Hat Linux 分为 2 个系列，即由 Red Hat 公司提供收费技术支持，包括更新的 Red Hat Enterprise Linux（定位于企业服务器版）和由社区开发维护且免费的 Fedora Core（定位于桌面版）。

Red Hat 公司将 Fedora Core 当作 Red Hat Enterprise Linux 的试验品，其功能将在获得成功后融入 Red Hat Enterprise Linux。另外，由于 Red Hat Enterprise Linux 是收费的操作系统，很多用户选择使用 Red Hat Enterprise Linux 的克隆且免费版即 CentOS。

Red Hat Enterprise Linux 经过多年的发展，目前（截至本书成稿）最新版本为 Red Hat Enterprise Linux 9.2。Red Hat Enterprise Linux 从 7.0 版本开始只支持 64 位系统，8.1 及之前的版本支持 32 位系统。本书以常用的 Red Hat Enterprise Linux 8.1（简称 RHEL 8.1）为例进行介绍。

任务 1.2　搭建 Linux 操作系统环境

学习任务

通过阅读文献、查阅资料，学会搭建 Linux 操作系统。学习和使用 Linux 操作系统，首先需要搭建 Linux 操作系统环境。Linux 操作系统环境可以使用物理计算机来搭建，也可以使用虚拟机软件来搭建。

（一）安装虚拟机软件

虚拟机软件可以在物理计算机上模拟一台或多台物理计算机。虚拟机软件模拟出来的计算机简称为虚拟机。虚拟机具有与物理计算机一样的特性，如具有内存、磁盘、CPU、显示器、网卡、鼠标、键盘等硬件资源。这些硬件资源都使用物理计算机上的硬件资源来模拟。虚拟机中可以安装 UNIX、Windows、Linux 甚至 macOS 等多种操作系统。

虚拟机软件的优点：用户不用购买物理计算机就可以搭建 Linux 操作系学习环境，不用担心虚拟机系统崩溃，可同时运行多台虚拟机及多种操作系统，能实现单机及网络实验等多种功能。

目前广为流行的虚拟机软件有 VMware、VirtualBox 和 Virtual PC 等。VMware 虚拟机软件功能十分强大，是目前业界使用十分广泛的虚拟机软件。VirtualBox 是一款开源的虚拟机软件，完全免费使用。Virtual PC 是微软开发的产品，主要用来安装运行 Windows 操作系统。

VMware 软件可从官方网站下载。VMware 软件是收费软件，有 Windows 平台和 Linux 平台两种版本。VMware 软件从 11 版本开始仅支持 64 位系统，支持 32 位系统的最高版本为 10.0.7 版本。截至本书成稿，VMware Workstation 软件最高版本为 VMware Workstation Pro 17.0.2。不管是 32 位版本还是 64 位版本的 VMware 软件，都支持安装运行 32 位或 64 位 RHEL 各个系列版本。本书以 VMware 软件 Windows 平台中 VMware Workstation Pro 17.0.2 为例进行介绍，读者只需下载对应的 Windows 版本即可。

【例 1-1】安装 VMware Workstation Pro 17.0.2 虚拟机软件。

具体操作步骤如下。

（1）双击下载的 VMware Workstation Pro 17.0.2（VMware-workstation-full-17.0.2-21581411.exe）虚拟机软件，软件在进行一系列初始化设置后，弹出"欢迎使用 VMware Workstation Pro 安装向导"界面，如图 1-1 所示。

（2）单击"下一步"按钮，弹出"最终用户许可协议"界面，如图 1-2 所示，选中"我接受许可协议中的条款"复选框。用户必须选中"我接受许可协议中的条款"复选框，才能够继续单击"下一步"按钮完成后续安装。

图 1-1 "欢迎使用 VMware Workstation
Pro 安装向导"界面

图 1-2 "最终用户许可协议"界面

（3）单击"下一步"按钮，弹出"自定义安装"界面，如图 1-3 所示。此处可更改软件安装位置，并设置是否安装"增强型键盘驱动程序"。此处使用默认设置即可。

（4）单击"下一步"按钮，弹出"用户体验设置"界面，如图 1-4 所示。"启动时检查产品更新"复选框被选中后，程序启动时将获得最新的版本资讯。不选中"启动时检查产品更新"和"加入 VMware 客户体验提升计划"复选框，不影响软件运行。

图 1-3 "自定义安装"界面

图 1-4 "用户体验设置"界面

（5）单击"下一步"按钮，弹出"快捷方式"界面，如图 1-5 所示。默认设置将在桌面和开始菜单程序文件夹中创建启动 VMware Workstation Pro 17.0.2 的快捷方式。用户可根据实际情况决定是否需要创建启动软件的快捷方式。

（6）单击"下一步"按钮，弹出"已准备好安装 VMware Workstation Pro"界面，如图 1-6 所示。

图 1-5 "快捷方式"界面

图 1-6 "已准备好安装 VMware Workstation Pro"界面

（7）单击"安装"按钮，弹出"正在安装 VMware Workstation Pro"界面，如图 1-7 所示。

（8）安装结束后，弹出"VMware Workstation Pro 安装向导已完成"界面，如图 1-8 所示，此处可以单击"许可证"按钮输入密钥，或单击"完成"按钮完成安装。许可证密钥也可在 VMware Workstation Pro 软件运行时输入。

图 1-7 "正在安装 VMware Workstation Pro"界面　　图 1-8 "VMware Workstation Pro 安装向导已完成"
界面

（二）创建 Linux 虚拟机

VMware 虚拟机软件可创建适应不同操作系统的虚拟机，还可设置虚拟机的硬件配置参数，如磁盘空间大小、内存大小、光驱数量及网卡数量等。这些参数可在创建时设置，也可在创建后对其进行编辑和修改。

【例 1-2】创建一台能安装 RHEL 8.1 的虚拟机，磁盘、CPU 和内存等硬件配置参数使用默认设置，虚拟机保存位置为 D:\RHEL。

具体操作步骤如下。

（1）双击桌面上的 VMware 虚拟机软件快捷方式，进入 VMware 虚拟机软件主界面，如图 1-9 所示。在主界面单击"文件"→"新建虚拟机"，如图 1-10 所示。弹出"欢迎使用新建虚拟机向导"界面，如图 1-11 所示，让用户选择安装配置类型，默认选择"典型(推荐)"单选按钮。

图 1-9　VMware 虚拟机软件主界面

图 1-10　新建虚拟机　　　　　　　图 1-11　选择安装配置类型界面

（2）单击"下一步"按钮，弹出"安装客户机操作系统"界面，如图 1-12 所示，在"安装来源"中选择"稍后安装操作系统"单选按钮。选择"稍后安装操作系统"可保证本步骤仅创建虚拟机，从而降低创建难度。

（3）单击"下一步"按钮，弹出"选择客户机操作系统"界面，如图 1-13 所示，在"客户机操作系统"中选择"Linux"单选按钮，在"版本"下拉列表框中选择"Red Hat Enterprise Linux 8 64 位"。

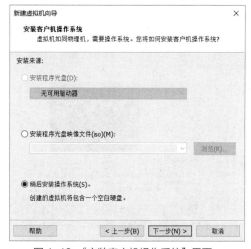

图 1-12　"安装客户机操作系统"界面　　　　图 1-13　"选择客户机操作系统"界面

VMware 虚拟机软件可针对各种操作系统及操作系统的不同版本进行优化设置，在这里一定要选择对应的操作系统及相应的版本。

（4）单击"下一步"按钮，弹出"命名虚拟机"界面，如图 1-14 所示，输入虚拟机的名称及安装位置。此处选择默认的虚拟机名称，然后单击"浏览"按钮选择安装位置为 D:\RHEL。

（5）单击"下一步"按钮，弹出"指定磁盘容量"界面，如图 1-15 所示，确定磁盘容量，此处使用默认的设置。默认设置的磁盘容量不会立即分配，而是根据实际使用磁盘空间大小按需分配空间，并将虚拟磁盘拆分成多个文件。

图 1-14 "命名虚拟机"界面

图 1-15 "指定磁盘容量"界面

（6）单击"下一步"按钮，弹出"已准备好创建虚拟机"界面，如图 1-16 所示，显示创建的虚拟机配置情况。此处可单击"自定义硬件"按钮对硬件配置进行修改。

（7）单击"完成"按钮，回到 VMware 虚拟机软件主界面，显示创建完成的虚拟机及其主要硬件配置情况，如图 1-17 所示。创建的虚拟机在此处以选项卡的形式展现。在图 1-17 所示界面中，单击"编辑虚拟机设置"或相应硬件设备也可进行硬件配置的修改。

图 1-16 "已准备好创建虚拟机"界面

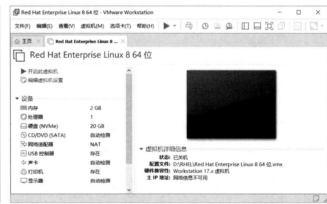

图 1-17 新建的虚拟机及其主要硬件配置情况

（三）安装 Linux 操作系统

Red Hat Enterprise Linux 支持硬盘安装、光驱安装、网络安装、无人值守安装等多种安装方式。硬盘安装是把安装光盘的映像文件复制到 FAT32 分区或 EXT 分区中，但在安装过程中要启动映像文件中的系统安装程序较为困难。光驱安装需要操作系统安装 CD 光盘或 DVD 光盘，其安装过程较为简单，也十分普遍。网络安装需要搭建 NFS（network file system，网络文件系统）服务器、FTP（file transfer protocol，文本传送协议）服务器和 HTTP（hypertext transfer protocol，超文本传送协议）服务器，需要网络的支持。无人值守安装需要设置自动应答文件，也可结合网络安装进行，适合大规模部署，安装过程自动进行，但自动应答文件的设置较为复杂。

Red Hat 公司在网站上提供 RHEL 8.1 安装光盘对应的 ISO 映像文件，用户可将 ISO 映像文件下载后刻录到光盘中。VMware 虚拟机支持使用主机上的物理光驱和使用映像文件两种方式进行安装。

【例 1-3】利用例 1-2 新建的 Linux 虚拟机安装 RHEL 8.1，安装 ISO 映像文件的路径为 D:\ rhel-8.1-x86_64-dvd.iso。

具体操作步骤如下。

（1）双击桌面上的 VMware 虚拟机软件快捷方式，进入 VMware 虚拟机软件主界面，默认打开已经创建完成的虚拟机。

（2）单击窗口中的"CD/DVD(SATA)"光驱图标，弹出"虚拟机设置"对话框，如图 1-18 所示，选择"使用 ISO 映像文件"单选按钮，单击"浏览"按钮选择 ISO 映像文件，或直接输入 ISO 映像文件地址 D:\ rhel-8.1-x86_64-dvd.iso。

（3）单击"确定"按钮，回到 VMware 虚拟机软件主界面，检查设置光驱后的配置情况。将鼠标指针放在"CD/DVD(SATA)"光驱图标上，将显示设置的 ISO 映像文件路径，已设置 ISO 映像文件的虚拟机如图 1-19 所示。

图 1-18　虚拟机设置

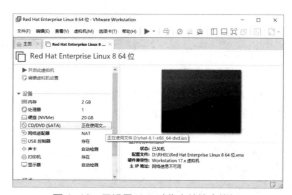

图 1-19　已设置 ISO 映像文件的虚拟机

（4）确认虚拟机从光驱启动。虚拟机默认启动顺序是"移动设备"→"硬盘"→"光驱"→"网络"。如果没有移动设备，且硬盘没有安装操作系统，则虚拟机将从光驱启动，无须设置启动设备。单击主界面中的"开启此虚拟机"，出现安装倒计时界面，如图 1-20 所示。界面中提供 3 种选项，默认选择第 2 项，表示测试媒体介质和安装系统。在选择的同时进行 60s 倒计时，如果用户不做任何选择，那么 60s 后就开始测试媒体介质和安装系统。

（5）首先单击图 1-20 所示界面区域，然后用方向键选择第 1 项，即直接进行系统安装，安装选择界面如图 1-21 所示。

（6）按 Enter 键后，弹出选择安装过程语言界面，此处在下拉列表框中选择"中文"和"简体中文"。RHEL 8.1 的国际化做得相当好，安装界面内置数十种语言支持。在此处选择中文后，安装过程界面中的文字立即变成中文。

图 1-20　安装倒计时界面　　　　　　　　　　　图 1-21　安装选择界面

（7）单击"继续"按钮，弹出"安装信息摘要"界面，此处显示部分默认的安装信息摘要，如图 1-22 所示。图中带有三角形且有感叹号的项，如"安装目的地"，表示必须进行下一步设置。

图 1-22　"安装信息摘要"界面

（8）单击"安装目的地"，弹出"安装目标位置"界面，如图 1-23 所示，此处只有一个本地标准磁盘，默认已经被选中。

（9）单击"完成"按钮，回到"安装信息摘要"界面，此时可以开始安装。一般情况下，为方便后续使用，可对网络和主机名、时间和日期进行初步设置。单击"网络和主机名"按钮，如图 1-24 所示，弹出"网络和主机名"界面，单击"关闭"按钮，则"打开"按钮高亮显示，然后自动进行基本的网络配置。主机名默认为"localhost.localdomain"。不同的系统，基本的网络配置可能会有所不同。

图 1-23　"安装目标位置"界面

图 1-24　"网络和主机名"界面

（10）单击"完成"按钮，回到"安装信息摘要"界面，单击"时间和日期"，弹出"时间和日期"界面，在"地区"下拉列表框中选中"亚洲"，在"城市"下拉列表框中选中"上海"。

（11）单击"完成"按钮，回到"安装信息摘要"界面，如图1-25所示。"软件选择"默认为"带GUI的服务器"，表示安装的是图形化界面。

图1-25 "安装信息摘要"界面

（12）单击"开始安装"按钮，弹出"配置"界面，进度条显示安装的进程，如图1-26所示。

（13）单击"根密码"，弹出"ROOT密码"界面，输入2遍root账号的密码，设置root账号密码如图1-27所示。如果密码太短，在界面底部会提示"密码长度太短 必须按2次完成按钮进行确认"，这时按2次"完成"按钮即可。如果密码太简单或太有规律，在界面底部会提示"密码未通过字典检测-太简单或太有规律 必须按2次完成按钮进行确认"，这时按2次"完成"按钮即可。由于在Linux系统中，root账号具有很高的权限，可以在系统中进行任何操作，因此为了保障系统的安全，用户应该输入一个"强壮"的密码，如大小写字母、数字及字符的组合，密码长度一般不少于6位。

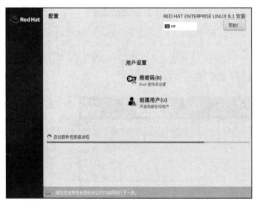

图1-26 "配置"界面

图1-27 设置root账号密码

（14）单击"完成"按钮，完成root账号密码的设置，回到"配置"界面，单击"创建用户"，弹出"创建用户"界面，输入用户名和密码，将创建一个普通用户，如图1-28所示。若密码长度太短、太简单或太有规律，需要按2次"完成"按钮进行确认。安装图形界面需要创建一个普通用户，如果不创建普通用户，则在重启后也会要求创建。如果仅安装命令行界面，则普通用户可暂时不用创建。

（15）单击"完成"按钮，完成普通用户的创建，回到"配置"界面。安装结束后，显示"重启"按钮，如图 1-29 所示。

图 1-28 "创建用户"界面 　　　　　　　　　　　　　　　图 1-29 已经成功安装

（16）单击"重启"按钮，系统重启，弹出"初始设置"界面，如图 1-30 所示。

图 1-30 "初始设置"界面

（17）单击"未接受许可证"，弹出"许可信息"界面，如图 1-31 所示。选中"我同意许可协议"复选框。只有选中"我同意许可协议"复选框后才能进行后续配置。

图 1-31 "许可信息"界面

（18）单击"完成"按钮，返回"初始设置"界面，如图 1-32 所示。

图 1-32 "初始设置"界面

（19）单击"结束配置"按钮，系统重启，弹出登录界面。如果有其他普通用户，这些普通用户也会在这个界面中显示。单击"未列出？"，弹出输入用户名对话框，在"用户名"文本框中输入用户名"root"，如图 1-33 所示。

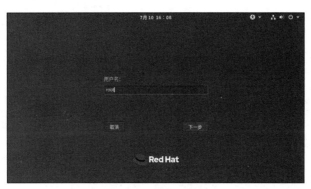

图 1-33 输入用户名

（20）单击"下一步"按钮，弹出输入密码对话框，在"密码"文本框中输入用户 root 的密码，如图 1-34 所示。如果仅安装命令行界面，则在安装重启后输入用户名和密码就可以进入 Linux 的命令行界面，没有后续的设置过程。

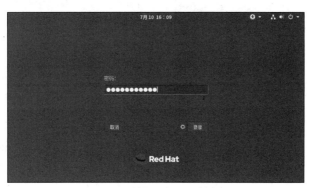

图 1-34 输入用户 root 的密码

（21）单击"登录"按钮，进入 Linux 图形化界面。首次进入 Linux 图形化界面，将弹出选择语言界面，如图 1-35 所示。此处保持默认设置。

（22）单击"前进"按钮，弹出选择键盘布局界面，如图 1-36 所示。此处保持默认设置。

图 1-35　选择语言

图 1-36　选择键盘布局

（23）单击"前进"按钮，弹出"隐私"界面，设置位置服务，单击"打开"按钮，"打开"按钮旁显示"关闭"按钮，"打开"按钮文字消失，隐私界面如图 1-37 所示。

（24）单击"前进"按钮，弹出在线账号界面，如图 1-38 所示。此处无须设置。

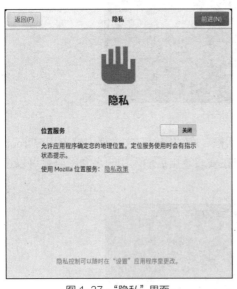

图 1-37　"隐私"界面

图 1-38　设置在线账号

（25）单击"跳过"按钮，弹出"准备好了"界面，如图 1-39 所示。

（26）单击"开始使用 Red Hat Enterprise Linux"按钮，弹出"Getting Started"界面，如图 1-40 所示。"Getting Started"界面是运行的帮助使用程序，在这里能找到 Linux 操作系统的使用帮助。

图 1-39 "准备好了"界面

图 1-40 "Getting Started"界面

（27）单击 × 按钮，显示登录 Linux 系统后的图形化界面，如图 1-41 所示。此时关闭 Linux 系统可参考任务 1.3。

图 1-41 Linux 系统图形化界面

（四）重装 Linux 操作系统

重装 Linux 操作系统指的是在安装 Linux 系统的计算机中再次安装或多次安装 Linux 操作系统。

重装 Linux 操作系统与初次安装 Linux 操作系统类似，同样需要一台物理计算机或虚拟机，也需要 Linux 操作系统安装光盘映像文件或 Linux 操作系统网络安装资源（NFS、HTTP、FTP 等）。重装 Linux 操作系统需要正确设置计算机 BIOS 中的启动顺序。如果使用操作系统 ISO 映像文件在虚拟机中重装系统，需要设置默认启动顺序是首先从光驱启动；如果使用操作系统安装光盘在真实物理机中安装，也需要设置默认启动顺序是首先从光驱启动。

【例 1-4】在例 1-3 已经安装 Linux 操作系统的基础上重新安装 RHEL 8.1。

具体操作步骤如下。

（1）单击"虚拟机"→"电源"→"打开电源时进入固件"，如图 1-42 所示。

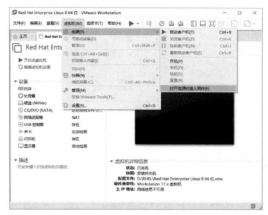

图 1-42　打开电源进入固件

（2）弹出 BIOS 设置界面，使用方向键和符号"-"调整启动项为"CD-ROM Drive"，如图 1-43 所示。

（3）按 F10 键保存 BIOS 设置，弹出配置确认界面，如图 1-44 所示。

（4）按 Enter 键确认保存 BIOS 设置后退出 BIOS 设置界面，虚拟机启动，进入安装过程。

图 1-43　设置启动项

图 1-44　配置确认界面

（5）安装过程与初次安装过程相同。当进行到选择安装目标位置时，选中"我想让额外空间可用"复选框，如图 1-45 所示。

（6）单击"完成"按钮，弹出"回收磁盘空间"界面，如图 1-46 所示。

图 1-45　设置额外空间可用

图 1-46　"回收磁盘空间"界面

（7）依次单击"全部删除"按钮和"回收空间"按钮，回到"安装信息摘要"界面，如图1-47所示。

图 1-47　安装信息摘要

（8）后续安装过程与初次安装过程基本相同。在系统首次重启的时候，单击"虚拟机"→"电源"→"关机"，进入虚拟机的 BIOS 设置，设置"+Hard Drive"为第 1 个启动项。

（五）启动 Linux 虚拟机

启动 Linux 虚拟机，就如同在真实物理机中打开电源。

【例 1-5】启动安装有 RHEL 8.1 系统的虚拟机。

具体操作步骤如下。

（1）双击桌面上的 VMware 虚拟机软件快捷方式，进入虚拟机软件主界面，将默认打开已经创建完成的虚拟机，如图 1-48 所示。

图 1-48　创建完成的 Linux 虚拟机

（2）单击"开启此虚拟机"，则虚拟机进行一系列初始化操作后，完成启动操作，显示登录界面，如图 1-49 所示。登录界面将显示在安装过程中创建的普通用户。

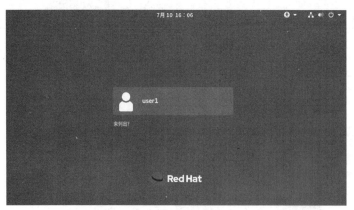

图 1-49　登录界面

任务1.3　熟悉Linux操作系统的基本使用方法

学习任务

通过阅读文献、查阅资料，熟悉 Linux 操作系统的基本使用方法。Linux 操作系统是一个多用户、多任务的操作系统，任何用户必须登录后才能使用该系统。并且用户在使用完 Linux 操作系统后需使用正确的退出方式。

（一）登录 Linux 操作系统

Linux 操作系统登录方式分为图形化界面模式登录、命令行模式登录和远程登录等。

【例 1-6】登录例 1-5 中虚拟机的 RHEL 8.1 系统。

（1）在图 1-49 所示界面中，单击"未列出?"，弹出输入用户名界面，在"用户名"文本框中输入用户名"root"，如图 1-50 所示。

（2）单击"下一步"按钮，弹出输入密码界面，在"密码"文本框中输入用户 root 的密码，如图 1-51 所示。

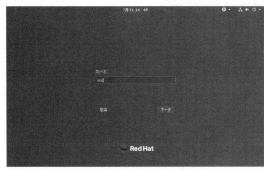

图 1-50　输入用户名"root"

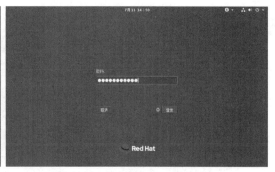

图 1-51　输入用户 root 的密码

（3）单击"登录"按钮，显示 Linux 系统图形化界面，如图 1-52 所示。

图 1-52 Linux 系统图形化界面

（二）关闭 Linux 操作系统

【例 1-7】关闭例 1-6 中虚拟机的 RHEL 8.1 系统。

具体操作步骤如下。

（1）RHEL 8.1 系统在图形化界面中可以用顶部面板中的关机功能来关闭。在 Linux 图形化界面中，单击顶部面板的系统菜单，弹出界面如图 1-53 所示。

图 1-53 系统菜单

（2）单击按钮，弹出关机选项，如图 1-54 所示。用户还可选择"取消"或"重启"操作。

（3）单击"关机"按钮，系统关机，将回到图 1-55 所示的界面。

图 1-54 关机选项

图 1-55 Linux 虚拟机关机状态

任务 1.4 操作虚拟机

学习任务

通过阅读文献、查阅资料等方法，学会操作虚拟机。虚拟机自带截图工具，无论虚拟机中安装的是何种操作系统，虚拟机自带的截图工具都可以对当前屏幕进行截图。此外，VMware虚拟机还提供了一种创建虚拟机"快照"的功能，可以快速保存当前状态或将其恢复到以往任何时候的状态。这个功能类似 Windows 系统中的 GHOST 软件功能，但比 GHOST 软件功能更强大和更易于使用。在实际使用中，由于各种原因，可能需要使用多个相同的 Linux 操作系统，这时就需要掌握虚拟机的克隆管理的相关知识。

（一）捕获屏幕

在使用操作系统的过程中，经常需要对当前屏幕进行截图。一般情况下，可以在操作系统中安装截图软件或使用拍照设备进行拍照。

【例 1-8】对运行中虚拟机的当前屏幕进行截图，并保存至主机桌面，保存文件名为"当前屏幕.png"。

具体操作步骤如下。

（1）单击"虚拟机"→"捕获屏幕"，如图 1-56 所示。在虚拟机启动后的任意时刻都能对虚拟机的当前屏幕进行截图。

（2）弹出"另存为"对话框，选择保存路径，并输入保存文件名，单击"保存"按钮，完成当前屏幕截图的保存，如图 1-57 所示。

图 1-56　捕获当前屏幕

图 1-57　保存当前屏幕截图

（二）快照管理

1. 创建 Linux 操作系统快照

使用 VMware 虚拟机安装 Linux 操作系统的一大优点是不用购买实体计算机即可完成 Linux 环境的搭建。当用户在 Linux 中进行了错误的操作或主机系统遇到意外断电等非正常状况导致关机时，虚拟机中的 Linux 系统都可能崩溃，致使 Linux 系统不能正常使用。

虚拟机在任何状态下都可进行快照操作。虚拟机在运行状态下进行快照操作，需要耗费更多的存储空间，以便创建快照及恢复快照。用户可根据实际情况建立多个快照，快照的数量受主机磁盘容量的限制。

一般来说，虚拟机系统在以下情况下需要进行快照处理。

（1）刚安装后的系统需要进行快照处理，以便随时恢复到初始状态。

（2）进行一些系统设置前需要进行快照处理，以便设置失误后恢复到初始状态。

（3）软件安装前需要进行快照处理，以便软件运行异常后恢复到初始状态。

（4）进行一些重大实验之前需要进行快照处理，以便实验结束后恢复到初始状态。

【例1-9】为当前虚拟机中的 RHEL 8.1 建立名为"基本安装"的快照。

具体操作步骤如下。

（1）双击桌面上的 VMware 虚拟机软件快捷方式，进入虚拟机软件主界面，在虚拟机系统关闭状态下，单击"虚拟机"→"快照"→"拍摄快照"，创建快照如图 1-58 所示。

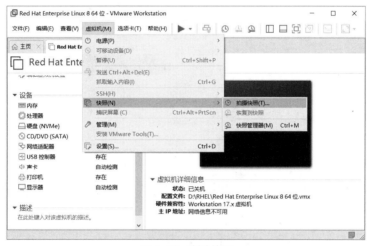

图 1-58　创建快照

（2）弹出"Red Hat Enterprise Linux 8 64 位-拍摄快照"对话框，在"名称"文本框中输入快照名称"基本安装"，在"描述"文本框中输入描述文字"仅仅只有基本的安装"，快照名称及描述设置如图 1-59 所示，然后单击"拍摄快照"按钮，创建所需快照。

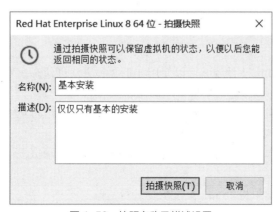

图 1-59　快照名称及描述设置

2. 恢复 Linux 操作系统快照

虚拟机进行快照的目的是当虚拟机系统出现异常之后，能够快速恢复到系统原来的某个状态，可以节约大量重新安装系统、设置系统、安装软件等操作的时间。VMware 虚拟机软件不但提供了快照功能，而且提供了快照恢复功能。

【例 1-10】恢复例 1-9 中创建的名为"基本安装"的快照。

具体操作步骤如下。

（1）双击桌面上的 VMware 虚拟机软件快捷方式，进入虚拟机软件主界面，单击"虚拟机"→"快照"→"恢复到快照：基本安装"，如图 1-60 所示。

图 1-60　恢复快照

（2）在弹出的对话框中单击"是"按钮，如图 1-61 所示，系统恢复所选的快照。

图 1-61　确认是否恢复快照

（三）克隆管理

一台主机中的多个 Linux 系统，可以使用如下 3 种方法创建。

（1）VMware 软件可以创建并安装多个虚拟机系统。

（2）VMware 虚拟机的所有文件在安装时都选择存储在一个目录中，将这个目录进行多次复制、粘贴操作即可完成多台虚拟机的创建。

（3）VMware 软件提供"克隆"虚拟机的功能，可以根据虚拟机快照或当前状态快速创建多台虚拟机。

【例 1-11】对当前虚拟机 Linux 操作系统进行克隆，产生一台新的虚拟机，保存位置为 D:\RHEL8.1(Clone)。

具体操作步骤如下。

（1）双击桌面上的 VMware 虚拟机软件快捷方式，进入虚拟机软件主界面，选择一个虚拟机 Linux 操作系统，单击"虚拟机"→"管理"→"克隆"，克隆虚拟机如图 1-62 所示。弹出"欢迎使用克隆虚拟机向导"界面，如图 1-63 所示。

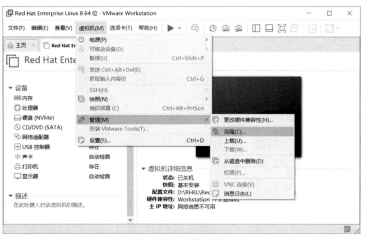

图 1-62　克隆虚拟机

（2）单击"下一步"按钮，弹出"克隆源"界面，选择克隆源，如图 1-64 所示。用户有两种选择，一是"虚拟机中的当前状态"，二是"现有快照"。选择"现有快照"要求虚拟机是关机状态，选择"虚拟机中的当前状态"则无此要求，但系统默认创建一个当前状态的快照后再克隆。此处选择"虚拟机中的当前状态"即可。

（3）单击"下一步"按钮，弹出"克隆类型"界面，选择克隆方法，如图 1-65 所示。"创建链接克隆"是对原始虚拟机的引用，所需的存储空间较小，但在运行时需要原始虚拟机的支持。"创建完整克隆"类似复制虚拟机的完整文件夹，所需空间较大，但是完全独立。 此处选择默认的"创建链接克隆"单选按钮。

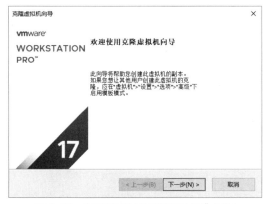

图 1-63　"欢迎使用克隆虚拟机向导"界面

图 1-64　选择克隆源

（4）单击"下一步"按钮，弹出"新虚拟机名称"界面，输入虚拟机名称和保存位置，名称可不修改，位置修改为 D:\RHEL8.1(Clone)，如图 1-66 所示。

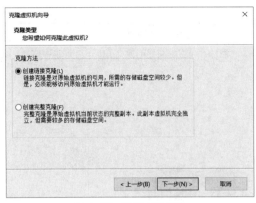

图 1-65　选择克隆方法

图 1-66　输入虚拟机名称和保存位置

（5）单击"完成"按钮，弹出"正在克隆虚拟机"界面，如图 1-67 所示。

（6）克隆完成后，单击"关闭"按钮，回到 VMware 虚拟机软件主界面，如图 1-68 所示。主界面选项卡中高亮显示的是克隆的虚拟机。

图 1-67　"正在克隆虚拟机"界面

图 1-68　克隆的虚拟机

【例 1-12】运行例 1-11 克隆的 Linux 虚拟机系统。

运行克隆的 Linux 虚拟机与运行正常安装的 Linux 虚拟机类似。

具体操作步骤如下。

（1）在虚拟机软件主界面的选项卡中，选中"Red Hat Enterprise Linux 8 64 位的克隆"，如图 1-68 所示。

（2）单击"开启此虚拟机"，则虚拟机进行一系列初始化操作后，完成启动操作，显示登录界面。运行 Linux 虚拟机系统也可单击"虚拟机"→"电源"→"开机"来完成。

（3）按照例 1-6 的方法登录 Linux 操作系统。

项目小结

（1）Linux 操作系统是一种开源的类似 UNIX 的操作系统。

（2）Linux 操作系统可分为内核版本和发行版本两种。

（3）可利用 VMware 虚拟机软件来安装 Linux 操作系统。

（4）VMware 虚拟机软件提供了捕获屏幕、快照管理和克隆管理等常见操作。

项目实训　Linux 操作系统基础综合实训

1. 实训目的

（1）掌握 VMware 软件的下载和安装方法。

（2）掌握创建 VMware 虚拟机的方法。

（3）掌握 RHEL 8.1 的安装方法。

（4）掌握虚拟机的常规操作。

2. 实训内容

（1）在 VMware 网站下载最新的 VMware 虚拟机软件。

（2）安装 VMware 虚拟机软件。

（3）创建 RHEL 8.1 虚拟机。

（4）安装 RHEL 8.1 系统，并利用虚拟机"捕获屏幕"功能将当前屏幕进行截图并保存。

（5）对虚拟机的 RHEL 8.1 系统进行快照和恢复快照操作。

综合练习

1. 选择题

（1）Linux 的诞生时间是（　　）年。

    A. 1990　　　　　　B. 1991　　　　　　C. 1992　　　　　　D. 1993

（2）Linux 的安装方式有（　　）。

    A. 光盘安装　　　　　　　　　　B. 硬盘安装

    C. NFS 安装　　　　　　　　　　D. FTP 安装和 HTTP 安装

（3）RHEL 8.1 在安装过程中设置的密码，对应的用户名为（　　）。

    A. administrator　　B. root　　　　　　C. admin　　　　　D. everyone

（4）以下操作系统中，属于 Linux 发行版的有（　　）。

    A. SUSE　　　　　　B. Ubuntu　　　　　C. Red Hat　　　　D. Debian

（5）Linux 和 UNIX 的关系是（　　）。

    A. Linux 就是 UNIX　　　　　　B. Linux 是一种类似 UNIX 的操作系统

    C. Linux 是 UNIX 的一个发行版本　　D. UNIX 是一种类似 Linux 的操作系统

（6）以下操作系统中，诞生最早的是（　　）。

    A. DOS　　　　　　B. Windows　　　　C. UNIX　　　　　D. Linux

（7）下列哪项不是 Linux 的优点？（　　）

    A. 多用户　　　　　B. 多任务　　　　　C. 开源　　　　　D. 收费

（8）Linux 最早是由（　　）开发的。

    A. Bill Gates　　　B. Linus Torvalds　　C. Ken Thompson　D. Dennis Ritchie

（9）VMware 虚拟机软件可安装的操作系统有（　　）。

    A. Windows　　　　B. UNIX　　　　　　C. Linux　　　　　D. DOS

2. 填空题

（1）Linux 的版本分为＿＿＿＿＿版本和＿＿＿＿＿版本。

（2）列举 3 种主要的 Linux 发行版：_____、_____和_____。

（3）常见的虚拟机软件有_____、_____和_____。

3. 判断题

（1）Linux 操作系统只能使用命令行界面，不能使用图形化界面。（　　　）

（2）Linux 操作系统在安装过程中可进行网络配置。（　　　）

（3）Linux 是一套免费且开放源代码的类似 UNIX 的操作系统。（　　　）

（4）Linux 是一个真正的多任务和分时操作系统。（　　　）

（5）VMware 软件可创建、安装和运行 Windows 和 Linux 两种虚拟机系统。（　　　）

4. 简答题

（1）简述 Linux 系统的特点。

（2）简述使用虚拟机软件来安装操作系统的优点。

项目

操作Linux图形化界面

02

【项目导入】

Linux 是一种开源的操作系统，有着功能强大的命令行界面和丰富的图形化界面，其中图形化界面又被称为图形用户界面（graphical user interface，GUI）。Linux 图形化界面技术是 Linux 发展历程中的一个重要分支，其发展与壮大受到了用户的普遍关注和支持。

本项目首先对 Linux 图形化界面进行简单介绍，然后对 GNOME 桌面环境进行介绍，接下来对 Linux 中的 Nautilus 文件管理器进行介绍，最后对 GNOME 桌面环境的基本设置进行讲解，并用示例进行分析和说明。

【项目要点】

① Linux 图形化界面简介。
② GNOME 桌面环境的组成。
③ Nautilus 文件管理器的使用。
④ GNOME 桌面环境的基本设置。

【素养提升】

在 Linux 图形化界面的设计和开发中，应当遵循用户友好性和易用性的原则，引导学生树立正确的用户意识和用户体验观念。同时，在 Linux 图形化界面的应用中，也需要遵守跨语言和文化的用户界面设计原则，了解不同国家和地区的文化差异和用户需求。

任务 2.1　认识 Linux 图形化界面

学习任务

通过阅读文献、查阅资料，了解与认识 Linux 操作系统图形化界面。Linux 系统提供了便于用户操作的图形化界面，通过这种界面，用户可以方便地进行各类操作，包括启动程序、编辑文件、设置系统参数、管理文件夹等。与传统的命令行界面相比，Linux 的图形化界面更简洁、直观、易用，因此受到广泛的关注和应用。

（一）认识 X Window

Linux 操作系统使用 X Window 系统提供图形化界面，能够在显示器屏幕上建立和管理窗口。

X Window 系统不是操作系统，而是一个可运行在 Linux 系统中的应用程序。这个应用程序采用客户-服务器的运行模式，主要包括 3 个部分：X 服务器（X Server）、X 客户机（X Client）与 X 协议（X Protocol）。X 服务器主要控制输入设备（键盘、鼠标）和输出设备（显示器），在 X 客户机的请求下创建显示窗口并完成图形绘制。X 客户机决定显示的内容（如字符串或图形），然后请求 X 服务器来完成显示。X 服务器和 X 客户机通过 X 协议进行通信。X 服务器和 X 客户机在同一台计算机上运行，两者可以使用计算机内部的通信机制来通信；X 服务器和 X 客户机不在同一台计算机上运行，两者通过 TCP/IP 协议等进行通信。

（二）常见的 Linux 桌面环境

Linux 中十分流行的图形化桌面环境主要有 GNOME 和 KDE 两种。

GNOME（GNU network object model environment，网络对象建模环境）基于 GTK+图形库，采用 C 语言开发。GNOME 桌面环境相当友好、简洁，运行速度快，功能强大，集成了许多设置和管理系统的实用程序。用户可以非常容易地配置和使用 GNOME 桌面环境。

KDE（K desktop environment，K 桌面环境）基于 Qt 图形库，采用 C++开发。KDE 非常华丽，集成了较多的应用程序，运行速度相对于 GNOME 较慢，使用习惯类似 Windows 操作系统。

在 RHEL 8.1 中，默认安装的是 GNOME 桌面环境。

任务 2.2　认识 GNOME 桌面环境

学习任务

通过阅读文献、查阅资料，了解与认识 Linux 操作系统 GNOME 桌面环境。GNOME 是当前流行的一种 Linux 桌面环境。它提供了一个直观、现代的用户界面，以及许多有用的应用程序和插件。GNOME 侧重于易用性和美观性，可以快速定位菜单和应用程序，支持多任务操作，还拥有强大的自定义选项，可以自由更改桌面背景、主题、图标等。此外，GNOME 还配备很多强大的工具，包括文本编辑器、终端模拟器、任务管理器等。

（一）桌面

GNOME 桌面是指整个显示器的屏幕界面，如图 2-1 所示，GNOME 桌面相当简洁。

图 2-1　GNOME 桌面

（二）系统面板

GNOME 系统面板是 GNOME 桌面的一个重要区域。系统面板相当于一个容器，可以放置各种组件。GNOME 桌面上方的矩形框区域是系统顶部面板，简称顶部面板，如图 2-2 所示。

活动　　　　　　　　　　7月 14 16：44

图 2-2　顶部面板

顶部面板默认包含"活动"菜单、日期和时间、系统菜单。"活动"菜单默认位于顶部面板的左侧，用于启动应用程序。日期和时间默认位于顶部面板的中间，用于显示日期和时间。系统菜单默认位于顶部面板的右侧，用于显示、设置声音、网络连接和用户等。

（三）"活动"菜单

单击顶部面板左侧的"活动"菜单，在弹出的界面中，桌面的左侧部分称为收藏夹。收藏夹中有启动当前系统所安装部分应用程序的图标，默认包括"FireFox 浏览器""文件""软件""帮助""终端""显示应用程序"6 个图标，如图 2-3 所示。单击这些图标可以启动对应的应用程序。

单击顶部面板左侧的"活动"菜单，在弹出的界面中，桌面的右侧部分是虚拟桌面切换器，如图 2-4 所示。虚拟桌面切换器可以对用户打开的多个应用程序进行组织和分类管理，避免运行的应用程序杂乱无章。用户可把运行的不同应用程序的图标放在不同的虚拟桌面中，可单击虚拟桌面进行切换。

图 2-3　收藏夹　　　　　　　　　　　　图 2-4　虚拟桌面切换器

（四）系统菜单

单击顶部面板右侧的系统菜单，弹出界面如图 2-5 所示。该界面中包含声音、网络、用户、系统设置等图标，单击图标即可进行对应图标的设置。图 2-5 中左下角的图标为"系统设置"，单击该图标可以启动大部分的常规系统设置。

图 2-5　系统菜单界面

任务 2.3　认识 Nautilus 文件管理器

学习任务

通过阅读文献、查阅资料，了解与认识 Linux 操作系统的 Nautilus 文件管理器。Nautilus 是 RHEL 8.1 中默认的文件管理器，以图形化界面方式提供给用户管理文件和目录资源。

（一）Nautilus 文件管理器概述

Nautilus 文件管理器功能强大，可以执行浏览、剪切、复制、移动、删除、重命名和查找等操作，甚至可以访问 FTP、Samba 和 NFS 等网络资源。

具体操作步骤如下。

单击桌面顶部面板左侧的"活动"菜单，弹出收藏夹界面，如图 2-6 所示。单击收藏夹界面中的"文件"图标，打开 Nautilus 文件管理器，如图 2-7 所示。此时打开的是当前登录用户的主目录。当前登录用户是 root，所以显示的是 root 用户的主目录中的文件夹及文件。

图 2-6　收藏夹界面

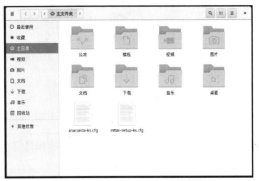

图 2-7　Nautilus 文件管理器

（二）Nautilus 文件管理器的基本使用

Nautilus 文件管理器界面分为左、右两部分，左边为位置导航界面，右边为所选择位置的详细内容（见图 2-7）。选择左边位置导航界面不同位置，右边界面则显示相应位置的具体内容。双击右边界面中的文件夹，文件夹下的内容将显示在右边界面中。Nautilus 文件管理器对文件及文件夹的操作类似 Windows 资源管理器对文件及文件夹的操作。

【例 2-1】在当前登录用户主目录中创建空文件 test。

单击"活动"菜单，在弹出的收藏夹界面中单击"文件"图标，打开 Nautilus 文件管理器，然后在右侧界面空白处单击右键，在弹出的快捷菜单中选择"新建文档"→"空文件"命令，如图 2-8 所示。最后输入要创建文件的名称 test，输入名称后按 Enter 键即可。注意：如果没有"新建文档"命令，则需要在"模板"文件夹中，通过命令建立空文件。

图 2-8　新建文档

【例 2-2】在当前登录用户主目录中创建文件夹 testdir。

单击"活动"菜单，在弹出的收藏夹界面中单击"文件"图标，打开 Nautilus 文件管理器，然后在右侧界面空白处单击右键，在弹出的快捷菜单中选择"新建文件夹"命令，如图 2-9 所示。最后输入要创建文件夹的名称 testdir，输入完名称后按 Enter 键即可。

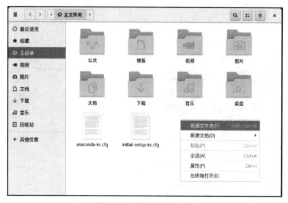

图 2-9　新建文件夹

【例 2-3】删除在当前登录用户主目录中创建的文件夹 testdir。

单击"活动"菜单，在弹出的收藏夹界面中单击"文件"图标，打开 Nautilus 文件管理器，然后右键单击 testdir 文件夹，在弹出的快捷菜单中选择"移动到回收站"命令，即可删除文件夹 testdir，如图 2-10 所示。

图 2-10　删除文件夹

删除文件与删除文件夹的方法类似，右键单击要删除的文件，在弹出的快捷菜单中选择"移动到回收站"命令，即可删除文件。

（三）设置 Nautilus 文件管理器

Nautilus 文件管理器默认不显示地址栏，需要进行设置才能显示地址栏。

【例 2-4】设置 Nautilus 文件管理器显示地址栏。

单击"活动"菜单，在弹出的收藏夹界面中单击"文件"图标，打开 Nautilus 文件管理器，按组合键 Ctrl+L 即可显示地址栏，如图 2-11 所示。

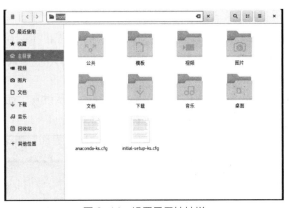

图 2-11　设置显示地址栏

【例 2-5】设置 Nautilus 文件管理器的显示视图风格。

单击"活动"菜单，在弹出的收藏夹界面中单击"文件"图标，打开 Nautilus 文件管理器。单击对话框左上角的图标，选择"首选项"菜单项，即可进行首选项相关设置。在"首选项"对话框中，有 4 个选项可供设置，分别为"视图""行为""列表列""搜索和预览"，如图 2-12 所示。

图 2-12　设置首选项

任务 2.4　认识 GNOME 基本设置

学习任务

通过阅读文献、查阅资料，了解与认识 Linux 操作系统的 GNOME 基本设置。GNOME 桌面提供了直观、方便的图形化界面，需要对图形化界面的默认设置进行一些个性化设置才能满足不同用户的操作需求。

（一）设置分辨率、"活动"菜单及背景

用户可以在 GNOME 桌面中自行设置屏幕分辨率、"活动"菜单以及背景。

1. 设置分辨率

设置分辨率，即设置屏幕分辨率。屏幕分辨率在默认情况下可能不是最佳的分辨率，不同的显示器有不同的分辨率数值，GNOME 提供了不同的屏幕分辨率设置功能。

【例 2-6】设置屏幕分辨率为 1024×768（4∶3）。

在桌面空白位置单击右键，在弹出的快捷菜单中选择"显示设置"命令，可进行 GNOME 的显示相关设置。选择分辨率后面的上下箭头，选择"1024×768（4∶3）"，然后单击"应用"按钮。在弹出的对话框中单击"保留更改"按钮，又回到图 2-13 所示界面，单击"关闭"按钮即可。

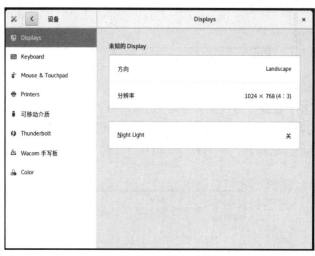

图 2-13　设置分辨率

2. 设置"活动"菜单

"活动"菜单中存放应用程序启动图标的位置称为"收藏夹"。可以通过设置来调整"收藏夹"中的显示内容。右键单击应用程序，在弹出的快捷菜单中选择"添加到收藏夹"或"从收藏夹中移除"命令（见图 2-14），可将应用程序添加到收藏夹中，或从收藏夹中移除。此外，通过"活动"菜单中的"搜索"框，可以快速搜索到本机中的一些文件或内容。

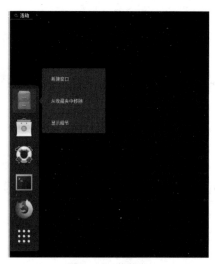

图 2-14　收藏夹

【例 2-7】在"收藏夹"中添加应用程序"计算器"启动的图标。

单击"活动"菜单，在弹出的收藏夹界面中单击"显示应用程序"图标，打开 Nautilus 文件管理器，找到"计算器"，然后单击鼠标右键，在弹出的快捷菜单中选择"添加到收藏夹"命令，如图 2-15 所示，添加后的效果如图 2-16 所示。

图 2-15　添加"计算器"到"收藏夹"

图 2-16　将"计算器"添加到"收藏夹"后的效果

3. 设置背景

设置背景，即设置桌面背景。很多用户不喜欢默认的桌面背景，而是将桌面背景设置成自己喜欢的壁纸、图片或色彩。

设置桌面背景首先需要打开系统设置对话框，如图 2-17 所示。

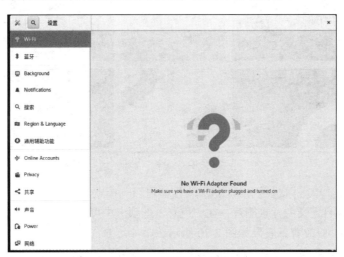

图 2-17　系统设置对话框

用以下两个方法均可打开系统设置对话框。

- 在桌面空白处单击鼠标右键，在弹出的快捷菜单中选择"设置"命令。
- 单击顶部面板右侧的系统菜单，选择"设置"选项。

【例 2-8】设置桌面背景为图片。

具体操作步骤如下。

首先，在桌面空白处单击右键，在弹出的快捷菜单中选择"设置"命令，打开系统设置对话框。

其次，选择"Background"选项，如图 2-18 所示，即可设置背景图片和锁定屏幕图片。

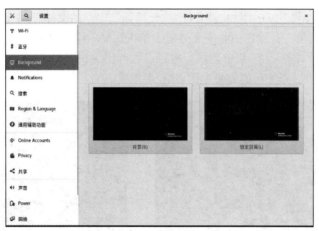

图 2-18 "Background" 选项

在图 2-18 中,"背景"为设置桌面显示内容,"锁定屏幕"设置锁定屏幕界面时展示的图片。单击"背景"进行桌面背景图片的设置,背景界面如图 2-19 所示。

图 2-19 "背景" 界面

在当前界面中,单击标题栏中的"选择"按钮可以选择默认提供的壁纸,或者单击"图片"选项卡,可以选择自定义的背景图片,在"色彩"选项卡中可以选择纯色的背景。选中后单击"选择"按钮即可。修改背景效果如图 2-20 所示。

图 2-20 修改背景效果

需要注意的是，如果要选择自定义的背景图片，那么需要将自己的图片放到当前登录用户主目录的"图片"文件夹中。

（二）设置电源、锁定屏幕

用户可以在 GNOME 桌面中自行设置电源以及锁定屏幕。

1. 设置电源

设置电源可以设置系统空闲多长时间后计算机自动挂起。

【例 2-9】设置电源，若连续 1 小时无操作，计算机自动挂起。

具体操作步骤如下。

在桌面空白处单击右键，在弹出的快捷菜单中选择"设置"命令，打开系统设置对话框，选择"Power"选项，如图 2-21 所示。

图 2-21　"Power"选项

在"挂起和关机按钮"选项下，单击"自动挂起"按钮，在弹出的对话框中可以选择打开或关闭自动挂起功能，如果打开则可以选择自动挂起的触发时间，如图 2-22 所示。

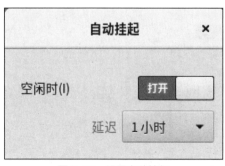

图 2-22　设置自动挂起

2. 设置锁定屏幕

设置锁定屏幕，即设置多长时间没有操作计算机，计算机进入锁定屏幕状态。

【例 2-10】设置锁定屏幕，10 分钟无操作，则计算机进入锁定屏幕状态。

具体操作步骤如下。

在桌面空白处单击右键，在弹出的快捷菜单中选择"设置"命令，打开系统设置对话框，选择"Power"选项（见图 2-21）。在"节电"选项中，选择"空白屏幕"后可设置锁定屏幕状态的触发时间，即设置屏幕保护程序的出现时间，如图 2-23 所示。

图 2-23　设置锁定屏幕

（三）其他常用设置

在 GNOME 桌面环境中，除上面的常用设置之外，还可以进行其他桌面环境设置，如键盘、鼠标、声音、日期和时间设置等。

1. 键盘设置

可以设置完成一些功能的键盘快捷键启动方式。

【例 2-11】设置键盘快捷键。

具体操作步骤如下。

在桌面空白处单击右键，在弹出的快捷菜单中选择"显示设置"命令，打开显示设置对话框，选择"Keyboard"选项即可进行键盘快捷键的设置，如图 2-24 所示。

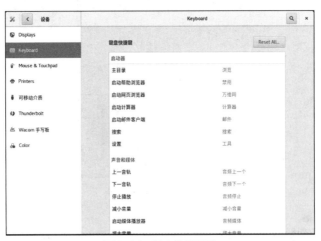

图 2-24　键盘快捷设置

2. 鼠标设置

可以设置鼠标的使用方式，还可以设置鼠标速度等。

【例 2-12】设置左手使用鼠标。

具体操作步骤如下。

在桌面空白处单击右键，在弹出的快捷菜单中选择"显示设置"命令，打开显示设置对话框，选择"Mouse & Touchpad"选项即可进行鼠标的相关设置，如图 2-25 所示。

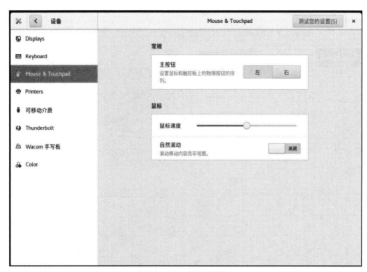

图 2-25　设置鼠标

3. 声音设置

可以设置音量大小、静音等。

【例 2-13】设置系统声音。

具体操作步骤如下。

在桌面空白处单击右键，在弹出的快捷菜单中选择"设置"命令，打开系统设置对话框，选择"声音"选项即可进行声音相关设置，如图 2-26 所示。

图 2-26　设置声音

4. 日期和时间设置

可以设置是否在网络上同步日期和时间，还可以设置时区、本地系统日期和时间等。

【例2-14】设置在网络上同步日期和时间。

具体操作步骤如下。

在桌面空白处单击右键，在弹出的快捷菜单中选择"设置"命令，打开系统设置对话框，选择"详细信息"→"日期和时间"选项，即可对日期和时间进行相关设置，如图2-27所示。

图2-27　设置日期和时间

项目小结

（1）X Window是一种可以运行在Linux等系统中的应用程序，包括X服务器、X客户机和X协议这3个主要部分。

（2）Linux中主要有GNOME和KDE两种图形化桌面环境，其中GNOME桌面上有顶部面板，在顶部面板上有系统菜单。

（3）RHEL 8.1默认使用Nautilus文件管理器来管理系统中的文件资源。

（4）RHEL 8.1中的GNOME桌面环境可以根据自己的需要进行个性化设置，包括对屏幕分辨率、系统面板、桌面背景、电源、屏幕保护程序等进行设置。

项目实训　Linux图形化界面综合实训

1. 实训目的

（1）掌握在收藏夹中添加启动应用程序的图标的方法。

（2）掌握Nautilus文件管理器的使用方法。

（3）掌握GNOME桌面环境的基本设置方法。

2. 实训内容

（1）在用户主目录中创建文件夹testdir。

（2）在收藏夹中添加启动应用程序"计算器"的图标。

（3）在收藏夹中添加启动应用程序"gedit文本编辑器"的图标。

（4）设置若 1 个小时不操作计算机，则计算机自动挂起。

（5）设置屏幕保护程序，若连续 10 分钟无操作，则计算机锁定屏幕。

综合练习

1. 选择题

（1）Linux 下的图形化界面被称为（　　　）。

    A. MS Window　　　B. MS Windows　　　C. X Window　　　D. X Windows

（2）在 RHEL 8.1 中，默认的图形化界面环境为（　　　）。

    A. GNOME　　　　B. KDE　　　　C. Window Maker　D. Blackbox

（3）GNOME 图形化界面是基于（　　）开发的。

    A. Qt3 图形库和 C 语言　　　　　　B. Qt3 图形库和 C++

    C. GTK+图形库和 C 语言　　　　　D. GTK+图形库和 C++

（4）X Window 包含 X 服务器、X 客户机和 X 协议这 3 部分，其中（　　）部分用于控制鼠标、键盘和显示器等输入输出设备。

    A. X 服务器　　　　　　　　　　B. X 客户机

    C. X 协议　　　　　　　　　　　D. X 服务器和 X 客户机

2. 判断题

（1）X Window 是一种操作系统。（　　　）

（2）Nautilus 文件管理器可以访问 FTP、Samba 和 NFS 网络资源。（　　　）

（3）RHEL 8.1 中，Linux 可以设置不同的桌面背景图片。（　　　）

（4）RHEL 8.1 中，Linux 可以设置锁定屏幕时桌面显示不同的图片。（　　　）

（5）RHEL 8.1 中，root 用户可以锁定屏幕。（　　　）

3. 简答题

（1）X Window 包括哪几个部分？

（2）Nautilus 文件管理器有什么功能？

项目

认识和使用Linux常用 Shell命令

03

【项目导入】

Linux 中的 Shell 命令是用户与操作系统内核进行交互的命令解释器，它接收用户输入的命令并将其传递给操作系统内核（Kernel）执行，可以帮助用户完成各种任务。Shell 的功能非常强大，完全能够胜任 Linux 的日常管理工作，如文本或字符串检索、文件的查找或创建、大规模软件的自动部署、更改系统设置、监控服务器性能、发送报警邮件、抓取网页内容、压缩文件等。

本项目首先介绍 Shell，然后介绍 Shell 的基本命令，接着详细介绍文件与目录操作命令、查看系统信息的相关命令以及 Vi 编辑器等。

【项目要点】

① Shell 简介。
② Shell 语法及特点。
③ Shell 的基本命令。
④ Shell 的文件操作命令。
⑤ Shell 的目录操作命令。
⑥ Shell 的查看系统信息的命令。
⑦ Shell 的 Vi 编辑器。

【素养提升】

在书写 Shell 命令时，我们应当养成好的习惯，一丝不苟，把每个代码写好，然后在 Linux 虚拟系统中进行实践。

任务 3.1 认识 Shell

学习任务

通过阅读文献、查阅资料，了解与认识 Linux 常用 Shell 命令。Shell 是 Linux 系统的用户界面，提供了用户与内核进行交互操作的接口，它接收用户输入的命令并把它送入内核执行。用户可以通过 Shell 输入各种命令，比如运行程序、操作文件、管理进程等。此外，Shell 还允许用户自定义和配置操作系统的环境变量、别名、路径等。

（一）Shell 简介

在 Linux 中，Shell 是操作系统的"外壳"，是命令语言、命令解释程序及程序设计语言的统称。图 3-1 显示了 Shell 在 Linux 系统中的地位。

图 3-1 Shell 的地位

从图 3-1 可以看出，Shell 在 Linux 系统中处于"承上启下"的地位，它负责连接 Linux 中的用户与内核。每个 Linux 系统的用户都可以拥有自己的用户界面或 Shell，以满足用户自己对 Shell 的需要。同 Linux 一样，Shell 也有多种不同的版本，目前常用的 Shell 版本有以下几种。

- Bourne Shell：由贝尔实验室开发。
- BASH：Bourne Again Shell，是 GNU 操作系统上默认的 Shell。
- Korn Shell：是对 Bourne Shell 的发展，大部分内容与 Bourne Shell 兼容。

在 RHEL 8.1 中，打开 etc 目录下的 shells 文件，可以看到系统可用的 Shell，如图 3-2 所示。

图 3-2 系统可用的 Shell

其中/bin/bash 是 Linux 中默认的 Shell，以红色文字表示。

（二）Shell 语法及特点

Shell 是一个程序，它从键盘上获取用户输入的命令，并为其提供操作系统以执行所需的任务。任务完成后，它会显示输出。

1. Shell 命令提示符

在登录进入 Linux 后会出现 Shell 命令提示符，如图 3-3 所示。

图 3-3　Shell 命令提示符

其中在方括号内@前面的为已登录的用户，图 3-3 中显示的是根用户 root。@后面的内容为计算机的主机名，图 3-3 所示为 localhost。主机名后面的内容是该命令显示的目录，图 3-3 所示为用户自己的目录。在方括号外的符号为 Shell 命令提示符，Shell 命令提示符有两种，即#和$，#是超级用户端提示符，而$是普通用户端提示符，图 3-3 所示为#，则代表当前用户是超级用户 root。

2. Shell 命令的基本格式

Shell 命令由命令名、选项和参数 3 部分组成，常见格式如下。

命令名 [选项] [参数 1] [参数 2]...

（1）命令名：用于描述该命令的英文单词或单词的缩写，也可以是可执行文件名。如切换用户账号的 su 命令，切换工作目录的 cd 命令，列出目录内容的 ls 命令等。

（2）选项：对命令的特别定义或对命令功能的补充。对同一个命令使用不同的选项可以有不同的功能。选项以连续的字符开始，多个选项可以用连接符连接，如 ls-l-a，ls-la 等。

（3）参数：提供该命令运行的信息，可以有也可以没有。有多个参数时，相邻参数间用空格分隔。

值得注意的是，输入 Shell 命令后，按 Enter 键即可立即执行该命令。

3. Shell 命令的特点

（1）Shell 命令的记忆功能。

在 Linux 中的命令行按键盘的上下方向键，可以找到使用过的命令，这些命令会在系统被注销时记录到.bash_history 文件中。

（2）Shell 命令的补全功能。

在命令行中的命令或者参数的后面按 Tab 键可以列出用户想要的命令或者文件。默认情况下，bash 命令行可以自动补全文件或目录名称。

（3）通配符。

在 Linux 中使用通配符可以帮助用户查询和执行命令，同时，熟练使用通配符可以加快用户操作速度，提高工作效率。在 Linux 中常见的通配符如下。

- ？：表示该位置是一个任意字符。
- ＊：表示该位置有若干个任意字符。

（4）重定向。

重定向包含输入重定向和输出重定向。其中输入重定向就是将标准输入从文本或者标准数据流中输入 Shell 命令中。而输出重定向是将 Shell 的输出内容从窗口输出到文件中。

（5）管道。

管道可以把一系列命令连接起来，这意味着第一个命令的输出会作为第二个命令的输入通过管道传给第二个命令，第二个命令的输出又会作为第 3 个命令的输入，以此类推。

（6）注释符。

在 Shell 编程中经常要对某些代码进行注释，以增强程序的可读性，在 Shell 中，字符#表示注释符。

任务 3.2　掌握 Shell 的基本命令

学习任务

通过阅读文献、查阅资料，了解与认识 Shell 的基本命令。

命令提示符由 Shell 发出。显示提示时，用户可以输入命令。按 Enter 键后，Shell 会读取输入命令。本任务中讲解 Linux 中使用的一些基本 Shell 命令。

（一）启动 Shell

在 Linux 中启动 Shell 可在桌面上依次选择"活动"→"终端"命令启动。

【例 3-1】从应用程序中启动 Linux 终端命令行。

具体操作步骤如下。

选择"活动"→"终端"命令，即可启动 Linux 终端命令行，如图 3-4 和图 3-5 所示。

图 3-4　选择命令

图 3-5　打开的终端命令行

（二）Shell 的基本命令

Shell 的基本命令主要包括系统的注销、重启、关机以及常见的帮助命令等。

1. 注销

已经登录的用户如果不再使用，则应当注销该用户，注销的方式是在命令提示符后输入命令 exit 后按 Enter 键。

2. 重启

当用户打算重新启动 Linux 系统时，可以在命令提示符后输入命令 reboot，再按 Enter 键。值得注意的是，超级用户也可以执行命令 shutdown -r now 来重启系统。

3. 关机

在用户打算关闭系统时，可以在命令提示符后输入命令 halt，再按 Enter 键。

值得注意的是，超级用户也可以执行命令 shutdown -h now 来关闭系统。

4. 帮助命令

当用户对于 Linux 中的命令不熟悉时，可以使用在线帮助命令快速查找命令及命令的使用方法。输入命令 man 即可达到目的。如输入命令 man date，即可查询关于日期命令的使用方法。用户可以使用上下方向键来翻阅帮助信息，也可以按 Q 键退出。

5. 切换用户账号命令

当用户想要使用其他账号进行登录时，可以使用命令 su 来切换用户账号。例如，输入命令 su -l admin 可以实现普通用户账号和管理员账号的切换。

【例 3-2】在 Linux 中切换用户账号。

具体操作步骤如下。

先用 root 账号登录，接着在终端命令行执行命令 su -l admin 即可切换为普通用户账号 admin 登录（事先需要创建该账号），运行结果如图 3-6 所示。

图 3-6　切换用户账号

任务 3.3　熟悉文件和目录操作命令

学习任务

通过阅读文献、查阅资料，了解与认识 Shell 文件与目录操作命令。

对初学者来说，使用命令管理 Linux 系统中的文件和目录，是学习 Linux 至关重要的一步。管理文件和目录，包括对文件和目录的浏览、创建、修改及删除等操作，需借助大量的 Linux 命令，比如 ls、cd、mkdir 等，本任务将详细介绍这些命令的用法。

（一）常用文件操作命令

Linux 操作系统有一个重要的概念—— 一切皆文件。这说明了文件的重要性。本节将介绍 Linux 中常用文件操作命令。

1. touch——创建文件

touch 命令有两个功能：一是用于把已存在文件的时间标签更新为系统当前的时间（默认方式），文件的数据将被原封不动地保留下来；二是用来创建新的空文件。

touch 命令语法如下。

> touch（选项）文件名

参数含义举例如下。

-a、--time=atime、--time=access 或--time=use：只更改存取时间。

-c 或--no-create：不建立任何文件。

-d：<时间日期>，使用指定的日期和时间，而非系统当前的时间。

-f：此参数将被忽略，不予处理，仅负责解决 BSD 版本 touch 命令的兼容性问题。

-m、--time=mtime 或--time=modify：更改文件的修改时间。

-r：<参考文件或目录>，指定文件或目录的日期时间，都设成和参考文件或目录相同的日期和时间。

-t：使用指定时间并设置时间格式。

--help：在线帮助。

--version：显示版本信息。

例如：

> [root@localhost ~]# touch aa //在主目录中创建一个新文件 aa，如果桌面已经存在文件 aa，则把该文件的存取和修改时间设置为当前时间

2. cat——查看文件内容

cat 命令的用途是连接文件或标准输入并输出。它常用来显示文件内容，或者将几个文件连接起来显示，又或者从标准输入读取内容并显示，常与重定向符配合使用。

cat 命令语法如下。

> cat （选项） 文件名

选项含义举例如下。

-n 或–number：由 1 开始对所有输出的行进行编号。

-b 或–number-nonblank：和-n 相似，但不对空白行进行编号。

-s 或–squeeze-blank：当遇到连续两行以上的空白行时，就将其替换为一行空白行。

-release：获取发行版的版本信息。

-v 或–show-nonprinting：显示非输出字符。

例如：

> [root@localhost ~]# cat /etc/issue   //查看/etc/issue 文件的内容

```
[root@localhost ~]# cat   -n /etc/issue          //查看/etc/issue 文件的内容并在每行前显示行号
[root@localhost ~]# cat /etc/redhat-release        //查看操作系统的版本
```

3. grep——查找文件内容

grep 命令的功能是查找特定的文件，如在文件中寻找某些信息，可以使用该命令。

grep 命令语法举例如下。

```
grep （选项）文件名
```

其中选项是指要寻找的字符串的特征。

选项含义如下。

-v：列出不匹配的行。

-c：对匹配的行计数。

-l：只显示包含匹配模式的文件名。

-h：不显示包含匹配模式的文件名。

-n：每个匹配行只按照对应的行号显示。

-i：对匹配的模式不区分大小写。

例如：

```
[root@localhost ~ ]#grep -3 user /etc/pass   //在/etc/pass 文件中查找包含字符串 user 的行。如果找到，则显示
该行及该行前后各 3 行的内容
[root@localhost ~ ]#grep on day             //在文件 day 中查找包含 on 的行，如果当天为星期一，则输出结
果为 Monday
[root@localhost ~ ]#grep on day weather     //在文件 day 中查找包含 on 的行，在文件 weather 中查找包含 on
的行
```

输出结果为：

```
day:Sunday
weather:sunny
```

4. head——查看文件开头

head 命令用于显示文件的开头部分，默认显示文件的前 10 行。

head 命令语法举例如下。

```
head （选项）文件名
```

选项含义如下。

-n num：显示文件的前 num 行。

-c num：显示文件的前 num 个字符串。

例如：

```
[root@localhost ~ ]#head -n 2 day   //显示文件 day 的前两行
```

输出结果为：

```
==> day <==
Monday
Tuesday
```

5. tail——查看文件结尾

tail 命令用于显示文件的结尾部分，默认显示文件的最后 10 行。

tail 命令语法如下。

tail （选项） 文件名

选项含义举例如下。

-n num：显示文件的最后 num 行。

-c num：显示文件的最后 num 个字符串。

+ num：从第 num 行开始显示文件内容。

例如：

[root@localhost ~]#tail -n 2 day　　//显示文件 day 的最后两行

输出结果为：

==> day <==
Saturday
Sunday

6. more——分页显示文件

cat 命令在用来显示文件时，会将文件的内容全部显示出来。这会导致用户最终只能看见文件的最后部分。而 more 命令则可以分页显示文件内容，因此该命令的用途更广泛。

more 命令语法如下。

more （选项） 文件名

选项含义举例如下。

-num：指定分页显示文件时每页的行数。

+num：指定文件从第 num 行开始显示。

例如：

[root@localhost ~]#more file1　　　　//用分页的方式显示文件 file1 的内容
[root@localhost ~]#more -5 file1　　//用分页的方式显示文件 file1 的内容，并且每页显示 5 行

7. less——对文件的高级显示

less 命令是 more 命令的改进和加强，less 命令除了可以向下翻页，还可以向上翻页和前后翻页。

less 命令语法如下。

less（选项）文件名

选项含义举例如下。

-b：向后翻一页。

-d：向后翻半页。

-h：显示帮助界面。

-q：退出 less 命令。

-u：向前滚动半页。

-y：向前滚动一行。

空格键：滚动一行。

Enter 键：滚动一页。

[pagedown]：向下翻动一页。

[pageup]：向上翻动一页。

例如：

less file1　　//以分页的方式查看文件 file1 的内容

8. cp——复制文件

cp 命令用于复制文件或者目录。

cp 命令语法如下。

cp（选项）源文件或目录 目标文件或目录

选项含义举例如下。

-a：在复制过程中尽可能地保留文件状态和权限等属性。

-r：用于目录的复制。

-d：用于文件属性的复制。

-f：强制复制。

-i：询问复制。

-p：与文件属性一同复制。

-u：更新复制。

例如：

[root@localhost ~]#cp test1 test2	//将文件 test1 复制成 test2，在复制时更改文件的名称
[root@localhost ~]#cp –u test1 test2	//将文件 test1 复制成 test2，但是只有源文件比目标文件的修改时间更新时才复制文件
[root@localhost ~]#cp -f test1 test2	//将文件 test1 复制成 test2，因为目标文件已经存在，所以使用强制复制的模式
[root@localhost ~]#cp -p a.txt tmp	//复制时保留文件属性，tmp 代表目录

值得注意的是，cp 命令中的源文件和目标文件所拥有的权限是不同的，目标文件的拥有者通常是指操作者本身。因此，在使用 cp 命令时，要特别注意某些特殊权限文件，例如，加密的文件或者配置文件等，如果不能直接复制，就需要加上-a 或-p 选项。

9. mv——移动文件

mv 命令是 move 的缩写，用于移动文件或者重命名文件。在移动文件的同时可以更改源文件的名称。

mv 命令语法如下。

mv（选项）源文件或目录 目标文件或目录

选项含义举例如下。

-b：当文件存在时，覆盖前，为其创建一个备份。

-f：若目标文件或目录与现有的文件或目录重复，则直接覆盖现有的文件或目录。

-i：交互式操作，覆盖前先行询问用户，如果源文件与目标文件或目标目录中的文件同名，则询问用户是否覆盖目标文件。

例如：

[root@localhost ~]#mv test1 test2　　//将文件 test1 移动到 test2 并改名为 test2

10. rm——删除文件

rm 命令用于删除文件或者目录。使用该命令可以一次性删除多个文件。

rm 命令语法如下。

rm（选项）文件名

选项含义举例如下。

-f：强制删除。

-i：在删除前询问用户。

-r：递归删除目录及其内容。

例如：

[root@localhost ~]#rm –i etc/hello   //询问用户是否要删除普通的空文件 etc/hello，用户回答 y 表示确认删除，回答 n 表示跳过

[root@localhost ~]#rm test1 test2   //同时删除文件 test1 和 test2

值得注意的是，使用 rm 命令删除的文件会永久丢失，因此保险的做法是使用-i 命令来询问用户以确认是否进行该操作。

11. find——文件查找

find 命令用于在指定的范围内迅速找到需要的文件。

find 命令语法如下。

find 路径（选项）

选项含义举例如下。

-name filename：查找指定名称的文件。

-user username：查找属于指定用户的文件。

-group groupname：查找属于指定组的文件。

-print：显示查找结果。

-size n：查找大小为 n 的文件。

-inum n：查找索引节点号为 n 的文件。

-type：查找指定类型的文件，文件类型包括 b（块设备文件）、c（字符设备文件）、d（目录）、p（管道）、l（符号链接文件）、f（普通文件）6 种。

-atime n：查找 n 天前被访问的文件。

-exec command {}：对指定的文件执行 command 命令。

例如：

[root@localhost ~]#find -atime -2   //查找在 2 天前访问过的文件

[root@localhost ~]#find -type f -perm 755 -exec ls {}\   //查找权限为 755 的普通文件

[root@localhost ~]#find -type f -name "&.log"   //查找扩展名为.log 的普通文件

12. which——文件定位

which 命令用于在 PATH 变量指定的路径中搜索某个系统命令的位置，并且返回第一个搜索结果。

which 命令语法如下。

which（选项）

选项含义举例如下。

-n：指定文件名长度。

-p：同样是指定文件名长度，但是该处的文件名长度包含文件的路径。

-w：指定输出时栏位的宽度。

-v：显示版本的信息。

例如：

[root@localhost ~]#which bash   //查看 bash 的绝对路径

13. ls——查看文件类型

ls 命令用于列出文件或者目录信息。

ls 命令语法举例如下。

ls （选项） 文件或目录名

选项含义如下。

-l：列出文件详细信息，包括文件类型、权限、链接数、所有者、组、大小、最后修改时间和文件名。

-a：列出所有文件，包括隐藏文件。

-h：以易读的方式显示文件大小，例如 K、M、G 等。

-d：只查看目录信息，而不查看目录下的文件。

-R：递归列出所有子目录下的文件。

-t：按文件最后修改时间排序。

-r：反向排序。

-S：按文件大小排序。

例如：

```
[root@localhost ~ ]#ls              //列出当前目录下的文件及目录
[root@localhost ~ ]#ls –a           //列出所有文件
[root@localhost ~ ]#ls -l           //列出当前目录下的所有文件，并将文件的所有信息都展示出来（文件权限、
文件所有者、文件大小等）
[root@localhost ~ ]#ls -t           //按照文件的修改时间列出文件
```

14. diff——比较文件内容

diff 命令用于比较两个文件内容的不同。

diff 命令语法如下。

diff （选项）源文件 目标文件

选项含义举例如下。

-a：将所有命令当作文本处理。

-b：忽略空格的不同进行比较。

-B：忽略空行的不同进行比较。

-q：只指出什么地方不同，忽略具体信息。

-i：忽略大小写进行比较。

例如：

```
[root@localhost ~ ]#diff a.txt b.txt    //比较文件 a.txt 和 b.txt 内容的不同
```

（二）常用目录操作命令

前文讲述了 Linux 中的常用文件操作命令，本节将介绍 Linux 中常用目录操作命令。

1. pwd——查看当前路径

pwd 命令用于显示当前目录的完整路径。

值得注意的是，在 Linux 中的路径分为绝对路径和相对路径。绝对路径是指从 / 根目录到当前目录的路径；而相对路径是指从当前目录到其子目录的路径。目录之间的层次关系用"/"

表示。

其中，/根目录位于 Linux 文件系统目录结构的顶层，一般根目录下只存放目录。

根目录下有子目录，用于放置对应的系统文件。

例如：

[root@localhost ~]# pwd　　//显示当前目录的路径，输出结果为/root，其中/root 代表根目录

2. mkdir——创建新目录

mkdir 命令用于创建新目录。

mkdir 命令语法如下。

mkdir（选项）目录名

选项含义举例如下。

-m：对新建的目录设置权限。

-p：递归建立所需要的新目录（如果父目录不存在，则同时创建该目录和该目录的父目录）。

例如：

[root@localhost ~]#mkdir stu　　　　　　　//在当前目录下创建新目录 stu

[root@localhost ~]#mkdir -p div1/div2　　//在当前目录 div1 中创建 div2 子目录，如果目录 div1 不存在，则同时创建这两个目录

3. rmdir——删除目录

rmdir 命令用于删除空目录。

rmdir 命令语法如下。

rmdir（选项）目录名

选项含义举例如下。

-p：在删除目录时，一同删除该目录的父目录。但前提是父目录中没有其他目录和文件。

例如：

[root@localhost ~]#rmdir stu1　　　　　　//在当前目录中删除空目录 stu1

[root@localhost ~]#rmdir -p stu1/stu2　　//删除当前目录中的 stu1/stu2 子目录，若目录 stu1 中无其他目录，则将其一同删除

4. cd——切换目录

cd 命令用于不同的目录切换。用户登录 Linux 系统后，会处于用户的主目录下，如果用户以 root 账号登录，则主目录为/root。这时候如果该用户想跳转到其他目录中，就可以使用 cd 命令来进行切换。

值得注意的是，在 Linux 系统中，用"."代表当前目录，".."代表当前目录的父目录，"～"代表用户的主目录，"/"代表系统的根目录。

例如：

[root@localhost ~]# cd　　　　　　//没有加任何路径，表示回到用户自己的主目录

[root@localhost ~]# cd ~　　　　　//表示回到用户自己的主目录

[root@localhost ~]# cd /var　　　　//表示进入目录/var 中

[root@localhost ~]# cd /var/spool　//表示进入目录/var/spool 中

[root@localhost ~]# cd ..　　　　　//表示进入当前目录的父目录中

[root@localhost ~]# cd ../user　　　//表示进入当前目录的父目录中的子目录/user 中

5. mv——移动目录

mv 命令除了可以移动文件，还可以移动目录。

例如：

[root@localhost ~]#mv stu bin/   //将文件 stu 移动到目录 bin/下

[root@localhost ~]#mv bin/ 桌面/   //将目录 bin/移动到桌面

【例 3-3】在 Linux 中创建文件 s 并将其移动到/bin/目录下。

具体操作步骤如下。

（1）在 Linux 主目录中创建文件 s，命令如下。

[root@localhost ~]# touch s

（2）将文件 s 移动到/bin/目录下，命令如下，运行结果如图 3-7 所示。

[root@localhost ~]# mv s /bin/

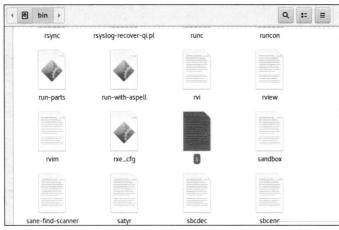

图 3-7　将文件 s 移动到/bin/目录

6. cp——复制目录

cp 命令除了可以复制文件，还可以复制目录。

例如：

[root@localhost ~]# cp /var/log/wtmp .   //表示将/var/log/wtmp 复制到 tmp 目录下

注意

为了能够复制当前目录，最后的“.”不能省略。

[root@localhost ~]#cp -rf /home/user1/* /root/temp/ //表示将目录/home/user1/下的所有内容复制到/root/temp/
下而不复制目录 user1 本身

（三）文件与目录操作综合应用

【例 3-4】使用命令进行目录间的跳转。

具体操作步骤如下。

（1）以 root 身份进入 Linux 操作系统，打开终端，此时界面显示如图 3-8 所示。

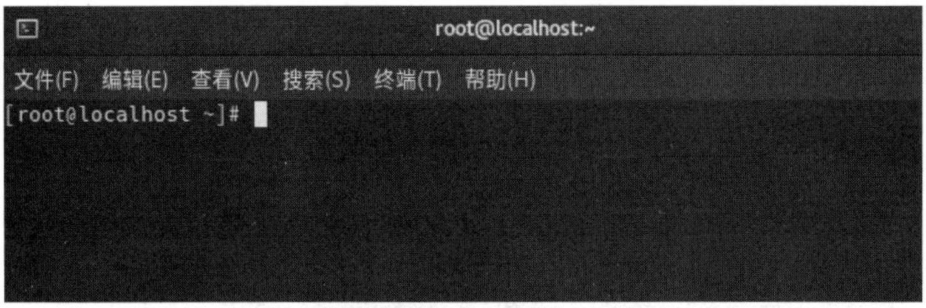

图 3-8　Linux 终端界面

（2）执行命令 ls -l，查看该层目录中的文件，如图 3-9 所示。

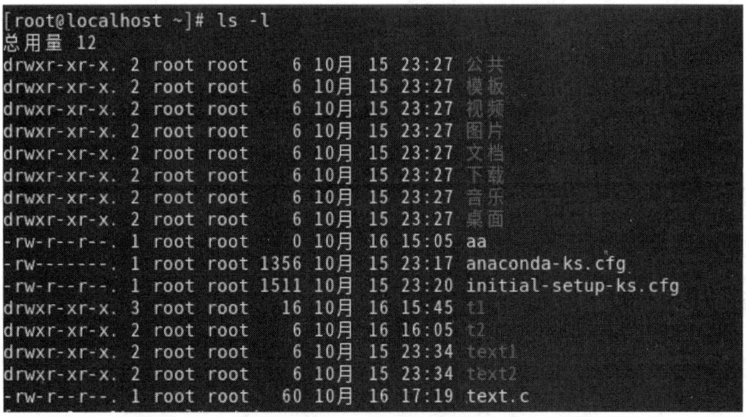

```
[root@localhost ~]# ls -l
总用量 12
drwxr-xr-x. 2 root root    6 10月 15 23:27 公共
drwxr-xr-x. 2 root root    6 10月 15 23:27 模板
drwxr-xr-x. 2 root root    6 10月 15 23:27 视频
drwxr-xr-x. 2 root root    6 10月 15 23:27 图片
drwxr-xr-x. 2 root root    6 10月 15 23:27 文档
drwxr-xr-x. 2 root root    6 10月 15 23:27 下载
drwxr-xr-x. 2 root root    6 10月 15 23:27 音乐
drwxr-xr-x. 2 root root    6 10月 15 23:27 桌面
-rw-r--r--. 1 root root    0 10月 16 15:05 aa
-rw-------. 1 root root 1356 10月 15 23:17 anaconda-ks.cfg
-rw-r--r--. 1 root root 1511 10月 15 23:20 initial-setup-ks.cfg
drwxr-xr-x. 3 root root   16 10月 16 15:45 t1
drwxr-xr-x. 2 root root    6 10月 16 16:05 t2
drwxr-xr-x. 2 root root    6 10月 15 23:34 text1
drwxr-xr-x. 2 root root    6 10月 15 23:34 text2
-rw-r--r--. 1 root root   60 10月 16 17:19 text.c
```

图 3-9　查看该层目录中的文件

（3）执行命令 cd..，进入上层目录。然后执行命令 ls -l，查看上层目录的文件，运行结果如图 3-10 所示。

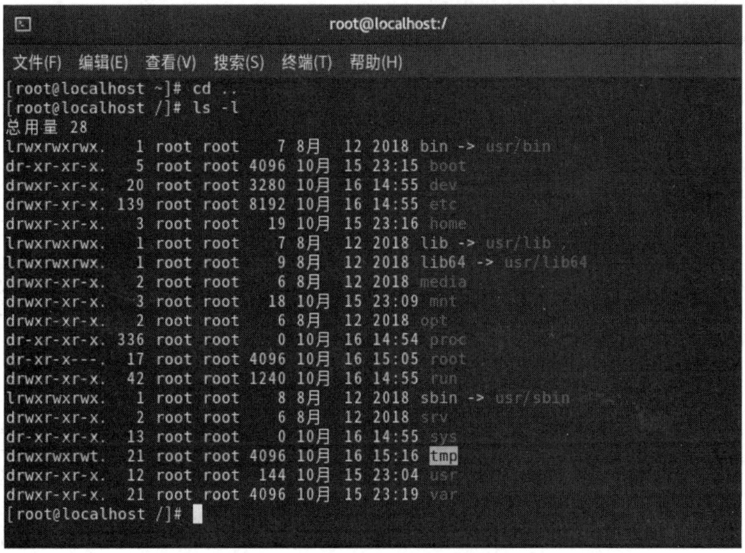

```
root@localhost:/
文件(F) 编辑(E) 查看(V) 搜索(S) 终端(T) 帮助(H)
[root@localhost ~]# cd ..
[root@localhost /]# ls -l
总用量 28
lrwxrwxrwx.   1 root root    7 8月  12 2018 bin -> usr/bin
dr-xr-xr-x.   5 root root 4096 10月 15 23:15 boot
drwxr-xr-x.  20 root root 3280 10月 16 14:55 dev
drwxr-xr-x. 139 root root 8192 10月 16 14:55 etc
drwxr-xr-x.   3 root root   19 10月 15 23:16 home
lrwxrwxrwx.   1 root root    7 8月  12 2018 lib -> usr/lib
lrwxrwxrwx.   1 root root    9 8月  12 2018 lib64 -> usr/lib64
drwxr-xr-x.   2 root root    6 8月  12 2018 media
drwxr-xr-x.   3 root root   18 10月 15 23:09 mnt
drwxr-xr-x.   2 root root    6 8月  12 2018 opt
dr-xr-xr-x. 336 root root    0 10月 16 14:54 proc
dr-xr-x---.  17 root root 4096 10月 16 15:05 root
drwxr-xr-x.  42 root root 1240 10月 16 14:55 run
lrwxrwxrwx.   1 root root    8 8月  12 2018 sbin -> usr/sbin
drwxr-xr-x.   2 root root    6 8月  12 2018 srv
dr-xr-xr-x.  13 root root    0 10月 16 14:55 sys
drwxrwxrwt.  21 root root 4096 10月 16 15:16 tmp
drwxr-xr-x.  12 root root  144 10月 15 23:04 usr
drwxr-xr-x.  21 root root 4096 10月 15 23:19 var
[root@localhost /]#
```

图 3-10　查看上层目录的文件

（4）执行命令 cd /var/spool，进入该目录，然后执行命令 ls -l，查看目录的文件，运行结果如图 3-11 所示。

```
[root@localhost /]# cd /var/spool
[root@localhost spool]# ls -l
总用量 0
drwxr-xr-x. 2 root root 63 10月 15 23:06 anacron
drwx------. 3 root root 31 10月 15 23:10 at
drwx------. 2 root root  6 6月  13 2019 cron
drwx--x---. 3 root lp   17 10月 15 23:09 cups
drwxr-xr-x. 2 root root  6 8月  12 2018 lpd
drwxrwxr-x. 2 root mail 30 10月 15 23:16 mail
drwxr-xr-x. 2 root root  6 9月   6 2019 plymouth
drwxr-xr-x. 3 root root 19 10月 15 23:09 rhsm
drwx------. 2 root root  6 6月  21 2019 up2date
```

图 3-11　进入目录并查看目录中的文件

（5）返回之前的主目录，命令如下。

[root@localhost spool]# cd

【例 3-5】目录和文件的建立与删除。

具体操作步骤如下。

（1）在主目录中新建两个目录，分别是 t1 和 t2，命令如下，运行结果如图 3-12 所示。

[root@localhost ~]# mkdir t1

[root@localhost ~]# mkdir t2

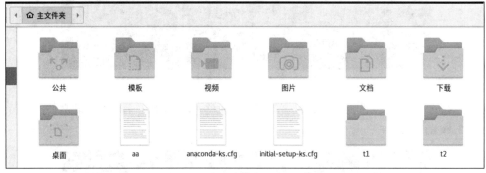

图 3-12　新建目录 t1、t2

（2）在目录 t1 中创建子目录 t3，在目录 t2 中创建子目录 t4，命令如下。

[root@localhost ~]# mkdir -p t1/t3

[root@localhost ~]# mkdir -p t2/t4

（3）在 t3 中创建文件 file1，命令如下，运行结果如图 3-13 所示。

[root@localhost ~]# cd t1/t3

[root@localhost t3]# touch file1

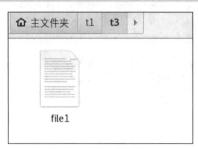

图 3-13　新建文件 file1

（4）将文件 file1 复制并改名为 f1，命令如下，运行结果如图 3-14 所示。

[root@localhost t3]# cp file1 f1

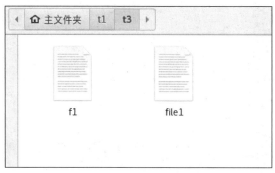

图 3-14　复制文件并改名

（5）进入目录 t2 中，并删除创建好的子目录 t4，命令如下。

[root@localhost t2]# cd t

[root@localhost t2]# rmdir t4

删除结果如图 3-15 所示。

```
[root@localhost t2]# rmdir t4
[root@localhost t2]# ls -l
总用量 0
```

图 3-15　删除子目录

【例 3-6】显示文件内容。

具体操作步骤如下。

（1）在根目录中进入子目录 bin，命令如下。

[root@localhost ~]# cd /

[root@localhost /]# cd bin

（2）查看目录 bin 中的文件，命令及运行结果如图 3-16 所示。

```
[root@localhost bin]# ls -l
总用量 246836
-rwxr-xr-x. 1 root root     65936 1月  11 2019 '['
-rwxr-xr-x. 1 root root     33032 8月  13 2018 ac
-rwxr-xr-x. 1 root root     30208 5月  27 2019 aconnect
-rwxr-xr-x. 1 root root     48728 9月  13 2019 addr2line
-rwxr-xr-x. 1 root root        29 8月  30 2019 alias
-rwxr-xr-x. 1 root root     92816 5月  27 2019 alsaloop
-rwxr-xr-x. 1 root root    102928 5月  27 2019 alsamixer
-rwxr-xr-x. 1 root root     17784 5月  27 2019 alsatplg
-rwxr-xr-x. 1 root root       123 5月  27 2019 alsaunmute
-rwxr-xr-x. 1 root root     30184 5月  27 2019 amidi
-rwxr-xr-x. 1 root root     69392 5月  27 2019 amixer
-rwxr-xr-x. 1 root root      2668 8月  12 2018 amuFormat.sh
-rwxr-xr-x. 1 root root      2793 11月  9 2018 anaconda-cleanup
-rwxr-xr-x. 1 root root       102 11月  8 2018 anaconda-disable-nm-ibft-plugi
n
-rwxr-xr-x. 1 root root      8030 11月  8 2018 analog
-rwxr-xr-x. 1 root root     87960 5月  27 2019 aplay
-rwxr-xr-x. 1 root root     30232 5月  27 2019 aplaymidi
-rwxr-xr-x. 1 root root     34024 12月 18 2018 appstream-compose
-rwxr-xr-x. 1 root root    121208 12月 18 2018 appstream-util
lrwxrwxrwx. 1 root root         6 11月  7 2018 apropos -> whatis
-rwxr-xr-x. 1 root root     97720 9月  13 2019 ar
```

图 3-16　查看目录 bin 中的文件

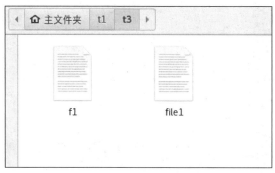

（3）查看文件 zcat，命令及运行结果如图 3-17 所示。

```
[root@localhost bin]# cat zcat
#!/bin/sh
# Uncompress files to standard output.

# Copyright (C) 2007, 2010-2018 Free Software Foundation, Inc.

# This program is free software; you can redistribute it and/or modify
# it under the terms of the GNU General Public License as published by
# the Free Software Foundation; either version 3 of the License, or
# (at your option) any later version.

# This program is distributed in the hope that it will be useful,
# but WITHOUT ANY WARRANTY; without even the implied warranty of
# MERCHANTABILITY or FITNESS FOR A PARTICULAR PURPOSE.  See the
# GNU General Public License for more details.

# You should have received a copy of the GNU General Public License along
# with this program; if not, write to the Free Software Foundation, Inc.,
# 51 Franklin Street, Fifth Floor, Boston, MA 02110-1301 USA.
```

图 3-17　查看文件 zcat

（4）用分页的方式查看文件 zcat，命令如下，运行结果如图 3-18 所示。

[root@localhost bin]# cat zcat |more

```
[root@localhost bin]# cat zcat |more
#!/bin/sh
# Uncompress files to standard output.

# Copyright (C) 2007, 2010-2018 Free Software Foundation, Inc.

# This program is free software; you can redistribute it and/or modify
# it under the terms of the GNU General Public License as published by
# the Free Software Foundation; either version 3 of the License, or
# (at your option) any later version.

# This program is distributed in the hope that it will be useful,
# but WITHOUT ANY WARRANTY; without even the implied warranty of
# MERCHANTABILITY or FITNESS FOR A PARTICULAR PURPOSE.  See the
# GNU General Public License for more details.

# You should have received a copy of the GNU General Public License along
# with this program; if not, write to the Free Software Foundation, Inc.,
# 51 Franklin Street, Fifth Floor, Boston, MA 02110-1301 USA.

version="zcat (gzip) 1.9
Copyright (C) 2007, 2011-2017 Free Software Foundation, Inc.
This is free software.  You may redistribute copies of it under the terms of
the GNU General Public License <https://www.gnu.org/licenses/gpl.html>.
There is NO WARRANTY, to the extent permitted by law.

--更多--
```

图 3-18　分页显示文件内容

在此界面中可使用 Enter 键来分页显示文件内容。

任务 3.4　熟悉查看系统信息的相关命令

学习任务

通过阅读文献、查阅资料，了解与认识 Linux 系统信息查看的相关命令。

本任务将介绍 Linux 系统信息查看相关命令，主要内容包括命令介绍、使用示例以及需要注意的事项。

（一）常用查看系统信息的命令

本节主要讲述 Linux 中常用的查看系统信息的命令。

1. uname——查看系统信息

uname 命令用于查看本机的系统信息。

uname 命令语法如下。

uname（选项）

选项含义举例如下。

-a：显示所有信息。

-s：显示内核名。

-n：显示本机计算机名。

-r：显示内核版本号。

-m：显示硬件信息。

-i：显示硬件平台。

-p：查看处理器类型。

-o：查看当前运行的操作系统。

例如：

[root@localhost ~]uname   //不加任何选项的时候，仅显示操作系统的名称

[root@localhost ~]uname -s   //加上选项-s，显示内核名，输出信息与 uname 命令不加选项时一样

[root@localhost ~]uname -r   //显示当前正在使用哪个内核版本

[root@localhost ~]uname -p   //显示当前的处理器类型

运行结果如图 3-19 所示。

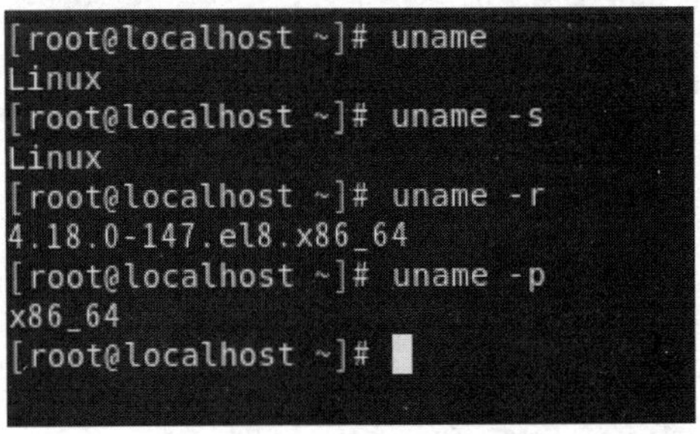

图 3-19 uname 命令

2. du——显示当前目录及子目录所占空间

du 命令用于显示当前目录和子目录所占空间的大小。

du 命令语法如下。

du（选项）目录

选项含义举例如下。

-a：显示所有目录所占空间的大小。

-s：只显示总计。

例如：

[root@localhost ~]du /du1   //用于显示当前目录下各级子目录所占用的硬盘空间的大小

值得注意的是，如果在选项后面没有跟目录名，则默认是当前目录。

3. df——显示所有文件系统的使用情况

df 命令用于显示所有文件系统的使用情况及剩余空间信息。

df 命令语法如下。

df （选项）

选项含义举例如下。

-a：显示所有文件系统的磁盘使用情况。

-k：以 k 字节为单位显示。

-i：显示 i 节点的信息。

-t：显示指定类型的文件系统的磁盘使用情况。

-x：显示非指定类型的文件系统的磁盘使用情况。

-h：以可读性更强的方式进行显示。

-T：显示文件系统类型。

例如：

[root@localhost ~]# df   //显示系统上所有已经挂载的分区的大小、已占用的空间、可用空间以及占用率等

[root@localhost ~]# df -h   //对显示的内容以可读性更强的方式进行显示

运行结果如图 3-20 所示。

```
[root@localhost ~]# df
文件系统                  1K-块         已用        可用      已用%  挂载点
devtmpfs                 988284           0      988284       0%  /dev
tmpfs                   1006108           0     1006108       0%  /dev/shm
tmpfs                   1006108        9904      996204       1%  /run
tmpfs                   1006108           0     1006108       0%  /sys/fs/cgroup
/dev/mapper/rhel-root  28244508     4467180    23777328      16%  /
/dev/sda1               1038336      164796      873540      16%  /boot
tmpfs                    201220        1168      200052       1%  /run/user/42
tmpfs                    201220        5812      195408       3%  /run/user/0
[root@localhost ~]# df -h
文件系统                  容量        已用        可用      已用%  挂载点
devtmpfs                  966M           0        966M       0%  /dev
tmpfs                     983M           0        983M       0%  /dev/shm
tmpfs                     983M        9.7M        973M       1%  /run
tmpfs                     983M           0        983M       0%  /sys/fs/cgroup
/dev/mapper/rhel-root      27G        4.3G         23G      16%  /
/dev/sda1                1014M        161M        854M      16%  /boot
tmpfs                     197M        1.2M        196M       1%  /run/user/42
tmpfs                     197M        4.6M        192M       3%  /run/user/0
```

图 3-20 显示所有文件系统的使用情况

4. top——显示系统中进程的资源占用情况

top 命令用于实时显示系统中各进程的资源占用情况，如 CPU、内存、运行时间、交换分区、执行的线程等的资源占用情况。使用该命令可以发现系统的缺陷。

top 命令语法如下。

top（选项）d n

选项含义举例如下。

-b：使用批处理模式。

-c：列举时忽略每个程序的具体情况。

-i：忽略闲置的进程。

-q：持续监控程序。

-s：使用保密模式。

-S：使用累计模式。

此外，d 表示 top 命令监控程序执行状况的间隔时间，以秒为单位；n 表示监控信息的更新次数。

例如：

[root@localhost ~]# top   //显示系统进程信息

运行结果如图 3-21 所示。

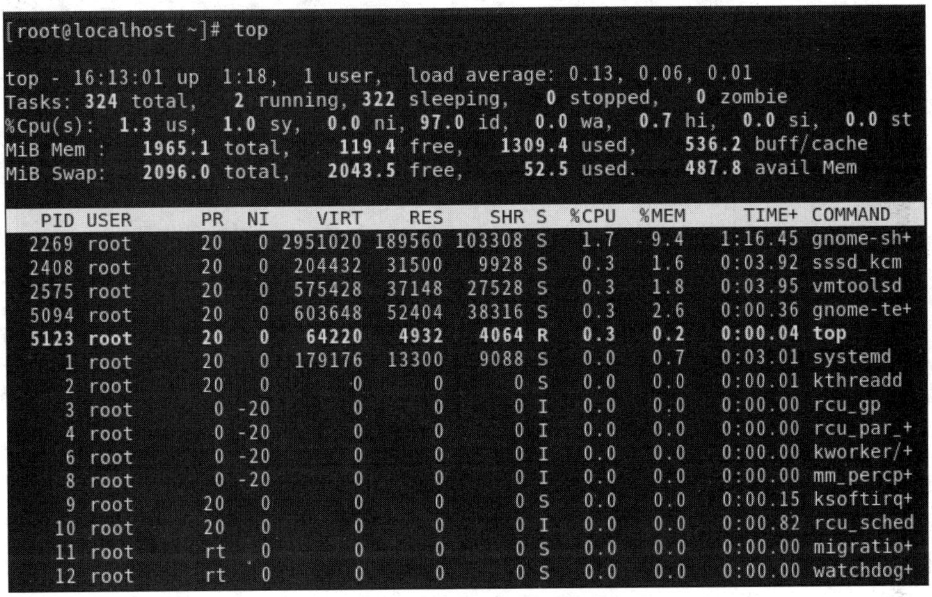

```
[root@localhost ~]# top

top - 16:13:01 up  1:18,  1 user,  load average: 0.13, 0.06, 0.01
Tasks: 324 total,   2 running, 322 sleeping,   0 stopped,   0 zombie
%Cpu(s):  1.3 us,  1.0 sy,  0.0 ni, 97.0 id,  0.0 wa,  0.7 hi,  0.0 si,  0.0 st
MiB Mem :   1965.1 total,    119.4 free,   1309.4 used,    536.2 buff/cache
MiB Swap:   2096.0 total,   2043.5 free,     52.5 used.    487.8 avail Mem

  PID USER      PR  NI    VIRT    RES    SHR S  %CPU  %MEM     TIME+ COMMAND
 2269 root      20   0 2951020 189560 103308 S   1.7   9.4   1:16.45 gnome-sh+
 2408 root      20   0  204432  31500   9928 S   0.3   1.6   0:03.92 sssd_kcm
 2575 root      20   0  575428  37148  27528 S   0.3   1.8   0:03.95 vmtoolsd
 5094 root      20   0  603648  52404  38316 S   0.3   2.6   0:00.36 gnome-te+
 5123 root      20   0   64220   4932   4064 R   0.3   0.2   0:00.04 top
    1 root      20   0  179176  13300   9088 S   0.0   0.7   0:03.01 systemd
    2 root      20   0       0      0      0 S   0.0   0.0   0:00.01 kthreadd
    3 root       0 -20       0      0      0 I   0.0   0.0   0:00.00 rcu_gp
    4 root       0 -20       0      0      0 I   0.0   0.0   0:00.00 rcu_par_+
    6 root       0 -20       0      0      0 I   0.0   0.0   0:00.00 kworker/+
    8 root       0 -20       0      0      0 I   0.0   0.0   0:00.00 mm_percp+
    9 root      20   0       0      0      0 S   0.0   0.0   0:00.15 ksoftirq+
   10 root      20   0       0      0      0 I   0.0   0.0   0:00.82 rcu_sched
   11 root      rt   0       0      0      0 S   0.0   0.0   0:00.00 migratio+
   12 root      rt   0       0      0      0 S   0.0   0.0   0:00.00 watchdog+
```

图 3-21　系统进程信息

5. free——查看系统内存和虚拟内存的大小及占用情况

free 命令用于查看系统内存、虚拟内存的大小及占用情况。

free 命令语法如下。

free（选项）

选项含义举例如下。

-b：以 B 为单位显示内存使用情况。

-k：以 KB 为单位显示内存使用情况。

-m：以 MB 为单位显示内存使用情况。

-g：以 GB 为单位显示内存使用情况。

-o：不显示缓冲区调节列。

-s：持续观察内存使用情况。

-h：使显示的结果具有较强的可读性。

-t：显示内存总和列。

-V：显示版本信息。

例如：

[root@localhost ~]#free　　//显示系统内存的使用情况，包括物理内存、交换分区和内核缓冲区内存

[root@localhost ~]#free -h　　//显示系统内存的使用情况，包括物理内存、交换分区和内核缓冲区内存，可读性更强

[root@localhost ~]#free -h -s 3 //显示系统内存的使用情况，包括物理内存、交换分区和内核缓冲区内存，每隔 3s 输出一次内存使用情况，直到按组合键 Ctrl + C 结束

运行结果如图 3-22 所示。

```
[root@localhost ~]$ free
              total        used        free      shared  buff/cache   available
Mem:        2012220     1248676      259196       11548      504348      592972
Swap:       2146300       43520     2102780
[root@localhost ~]$ free -h
              total        used        free      shared  buff/cache   available
Mem:          1.9Gi       1.2Gi       253Mi        11Mi       492Mi       579Mi
Swap:         2.0Gi        42Mi       2.0Gi
[root@localhost ~]$ free -h -s 3
              total        used        free      shared  buff/cache   available
Mem:          1.9Gi       1.2Gi       253Mi        11Mi       492Mi       579Mi
Swap:         2.0Gi        42Mi       2.0Gi

              total        used        free      shared  buff/cache   available
Mem:          1.9Gi       1.2Gi       252Mi        11Mi       492Mi       578Mi
Swap:         2.0Gi        42Mi       2.0Gi

              total        used        free      shared  buff/cache   available
Mem:          1.9Gi       1.2Gi       252Mi        11Mi       492Mi       578Mi
Swap:         2.0Gi        42Mi       2.0Gi
```

图 3-22　free 命令

6. dmesg——标识连到系统上的设备

dmesg 命令用于显示开机信息。当计算机启动时，系统内核会被加载到内存中。在加载的过程中会显示很多信息，在这些信息中人们可以看到内核检测硬件设备的信息。因此我们可以利用 dmesg 命令进行设备故障的诊断。当内核进行硬件的连接或断开连接操作时，在 dmesg 命令的帮助下，我们可以看到硬件的检测或者断开连接的信息。

dmesg 命令语法如下。

dmesg（选项）

选项含义举例如下。

-n：设置记录信息的层级。

-D: 禁用输出消息到命令行。

-E: 启用输出消息到命令行。

-k: 输出内核消息。

-s: 使用多大的缓冲区来查询内核缓冲区。

-t: 不输出内核的时间戳。

-T: 输出人类可读的时间戳。

-u: 输出用户空间消息。

-x: 将设施和级别（优先级）编号解码为可读的前缀。

例如：

[root@localhost ~]# dmesg　//显示系统的物理信息

运行结果如图 3-23 所示。

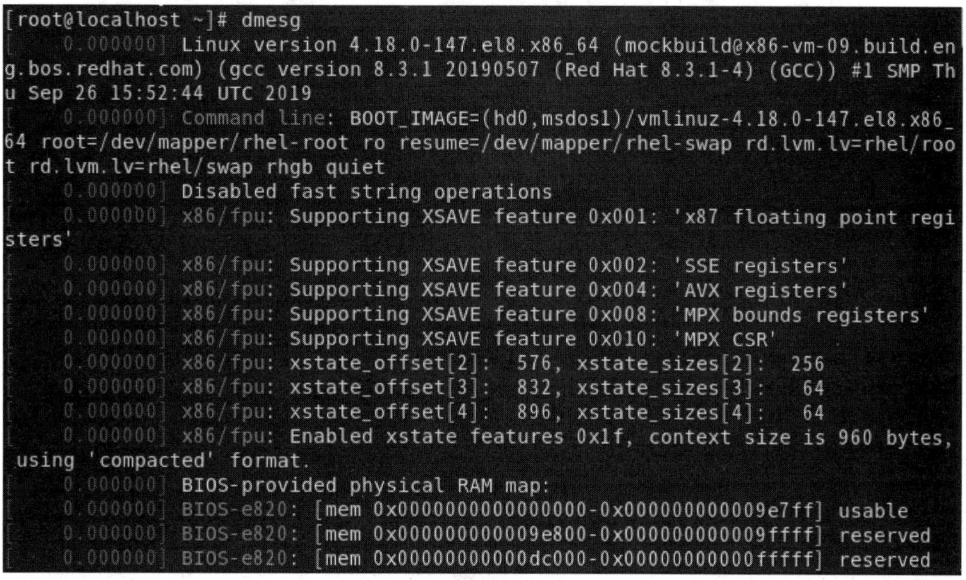

```
[root@localhost ~]# dmesg
    0.000000] Linux version 4.18.0-147.el8.x86_64 (mockbuild@x86-vm-09.build.en
g.bos.redhat.com) (gcc version 8.3.1 20190507 (Red Hat 8.3.1-4) (GCC)) #1 SMP Th
u Sep 26 15:52:44 UTC 2019
    0.000000] Command line: BOOT_IMAGE=(hd0,msdos1)/vmlinuz-4.18.0-147.el8.x86_
64 root=/dev/mapper/rhel-root ro resume=/dev/mapper/rhel-swap rd.lvm.lv=rhel/roo
t rd.lvm.lv=rhel/swap rhgb quiet
    0.000000] Disabled fast string operations
    0.000000] x86/fpu: Supporting XSAVE feature 0x001: 'x87 floating point regi
sters'
    0.000000] x86/fpu: Supporting XSAVE feature 0x002: 'SSE registers'
    0.000000] x86/fpu: Supporting XSAVE feature 0x004: 'AVX registers'
    0.000000] x86/fpu: Supporting XSAVE feature 0x008: 'MPX bounds registers'
    0.000000] x86/fpu: Supporting XSAVE feature 0x010: 'MPX CSR'
    0.000000] x86/fpu: xstate_offset[2]:  576, xstate_sizes[2]:  256
    0.000000] x86/fpu: xstate_offset[3]:  832, xstate_sizes[3]:   64
    0.000000] x86/fpu: xstate_offset[4]:  896, xstate_sizes[4]:   64
    0.000000] x86/fpu: Enabled xstate features 0x1f, context size is 960 bytes,
using 'compacted' format.
    0.000000] BIOS-provided physical RAM map:
    0.000000] BIOS-e820: [mem 0x0000000000000000-0x000000000009e7ff] usable
    0.000000] BIOS-e820: [mem 0x000000000009e800-0x000000000009ffff] reserved
    0.000000] BIOS-e820: [mem 0x00000000000dc000-0x00000000000fffff] reserved
```

图 3-23　dmesg 命令

7. lscpu——查看 CPU 的信息

lscpu 命令从 sysfs、/proc/cpuinfo 或者某些适用于特定架构的库中收集数据。lscpu 命令的输出包含 CPU、线程、核心、插槽和 NUMA（non-uniform memory access，非均匀存储器存取）节点的数量信息，也有 CPU 共享缓存、CPU 的族号、运行模式、处理指令的速度、大小端、步进等信息。

常见显示格式如下。

Architecture:	#架构
CPU(s):	#逻辑 CPU 颗数
Thread(s) per core:	#每个核心线程
Core(s) per socket:	#每个 CPU 插槽核数/每颗物理 CPU 核数
Socket(s):	#CPU 插槽数
Vendor ID:	#CPU 厂商 ID
CPU family:	#CPU 系列
Model:	#型号
Stepping:	#步进
CPU MHz:	#CPU 主频
Virtualization type:	#CPU 支持的虚拟化技术
L1d cache:	#一级缓存（具体表示 CPU 的 L1 数据缓存）
L1i cache:	#一级缓存（具体为 L1 指令缓存）
L2 cache:	#二级缓存

例如：

[root@localhost ~]# lscpu

运行结果如图 3-24 所示。

```
[root@localhost ~]$ lscpu
Architecture:          x86_64
CPU op-mode(s):        32-bit, 64-bit
Byte Order:            Little Endian
CPU(s):                1
On-line CPU(s) list: 0
Thread(s) per core:  1
Core(s) per socket:  1
Socket(s):             1
NUMA node(s):          1
Vendor ID:             GenuineIntel
CPU family:            6
Model:                 142
Model name:            Intel(R) Core(TM) i5-7200U CPU @ 2.50GHz
Stepping:              9
CPU MHz:               2712.000
BogoMIPS:              5424.00
Hypervisor vendor:     VMware
Virtualization type: full
L1d cache:             32K
L1i cache:             32K
L2 cache:              256K
L3 cache:              3072K
```

图 3-24 lscpu 命令

8. env——查看环境变量

env 命令用于显示系统中已存在的环境变量，以及在定义的环境中执行命令。为了能够让每个用户都拥有独立的工作环境，Linux 系统使用大量环境变量，用户可以用 env 命令进行管理。

env 命令语法如下。

```
env（选项）
```

选项含义举例如下。

-i：开始一个新的空的环境。

-u：从当前环境中删除指定的变量。

例如：

```
[root@localhost ~]# env
```

运行结果如图 3-25 所示。

```
[root@localhost ~]# env
LS_COLORS=rs=0:di=38;5;33:ln=38;5;51:mh=00:pi=40;38;5;11:so=38;5;13:do=38;5;5:bd
=48;5;232;38;5;11:cd=48;5;232;38;5;3:or=48;5;232;38;5;9:mi=01;05;37;41:su=48;5;1
96;38;5;15:sg=48;5;11;38;5;16:ca=48;5;196;38;5;226:tw=48;5;10;38;5;16:ow=48;5;10
;38;5;21:st=48;5;21;38;5;15:ex=38;5;40:*.tar=38;5;9:*.tgz=38;5;9:*.arc=38;5;9:*.
arj=38;5;9:*.taz=38;5;9:*.lha=38;5;9:*.lz4=38;5;9:*.lzh=38;5;9:*.lzma=38;5;9:*.t
lz=38;5;9:*.txz=38;5;9:*.tzo=38;5;9:*.t7z=38;5;9:*.zip=38;5;9:*.z=38;5;9:*.dz=38
;5;9:*.gz=38;5;9:*.lrz=38;5;9:*.lz=38;5;9:*.lzo=38;5;9:*.xz=38;5;9:*.zst=38;5;9:
*.tzst=38;5;9:*.bz2=38;5;9:*.bz=38;5;9:*.tbz=38;5;9:*.tbz2=38;5;9:*.tz=38;5;9:*.
deb=38;5;9:*.rpm=38;5;9:*.jar=38;5;9:*.war=38;5;9:*.ear=38;5;9:*.sar=38;5;9:*.ra
r=38;5;9:*.alz=38;5;9:*.ace=38;5;9:*.zoo=38;5;9:*.cpio=38;5;9:*.7z=38;5;9:*.rz=3
8;5;9:*.cab=38;5;9:*.wim=38;5;9:*.swm=38;5;9:*.dwm=38;5;9:*.esd=38;5;9:*.jpg=38;
5;13:*.jpeg=38;5;13:*.mjpg=38;5;13:*.mjpeg=38;5;13:*.gif=38;5;13:*.bmp=38;5;13:*
.pbm=38;5;13:*.pgm=38;5;13:*.ppm=38;5;13:*.tga=38;5;13:*.xbm=38;5;13:*.xpm=38;5;
13:*.tif=38;5;13:*.tiff=38;5;13:*.png=38;5;13:*.svg=38;5;13:*.svgz=38;5;13:*.mng
=38;5;13:*.pcx=38;5;13:*.mov=38;5;13:*.mpg=38;5;13:*.mpeg=38;5;13:*.m2v=38;5;13:
*.mkv=38;5;13:*.webm=38;5;13:*.ogm=38;5;13:*.mp4=38;5;13:*.m4v=38;5;13:*.mp4v=38
;5;13:*.vob=38;5;13:*.qt=38;5;13:*.nuv=38;5;13:*.wmv=38;5;13:*.asf=38;5;13:*.rm=
38;5;13:*.rmvb=38;5;13:*.flc=38;5;13:*.avi=38;5;13:*.fli=38;5;13:*.flv=38;5;13:*
.gl=38;5;13:*.dl=38;5;13:*.xcf=38;5;13:*.xwd=38;5;13:*.yuv=38;5;13:*.cgm=38;5;13
:*.emf=38;5;13:*.ogv=38;5;13:*.ogx=38;5;13:*.aac=38;5;45:*.au=38;5;45:*.flac=38;
5;45:*.m4a=38;5;45:*.mid=38;5;45:*.midi=38;5;45:*.mka=38;5;45:*.mp3=38;5;45:*.mp
c=38;5;45:*.ogg=38;5;45:*.ra=38;5;45:*.wav=38;5;45:*.oga=38;5;45:*.opus=38;5;45:
*.spx=38;5;45:*.xspf=38;5;45:
XDG_MENU_PREFIX=gnome-
LANG=zh_CN.UTF-8
GDM_LANG=zh_CN.UTF-8
```

图 3-25 查看环境变量

（二）常用日期时间操作命令

1. date——查看当前系统的日期和时间

date 命令用于显示或者设置系统的日期和时间。

date 命令语法如下。

date（选项）格式控制字符串

选项含义举例如下。

-d：显示字符串所指的日期与时间。

-s：根据字符串来设置日期与时间。

常见的格式控制字符串及含义如下。

%m：月份（01～12）。

%U：一年中的第几周（00～53）（以 Sunday 为每周第一天的情形）。

%w：一周中的第几天（0～6）。

%W：一年中的第几周（00～53）（以 Monday 为每周第一天的情形）。

%x：直接显示日期（mm/dd/yy）。

%y：年份的最后两位数字（00～99）。

%Y：完整年份（0000～9999）。

例如：

[root@localhost ~]# date   //显示系统当前的日期和时间

运行结果如图 3-26 所示。

```
[root@localhost ~]# date
2022年 10月 16日 星期日 16:20:38 CST
```

图 3-26 显示结果

又如：

[root@localhost ~]# date -d "+1 day" +%Y%m%d   //显示前一天的日期

[root@localhost ~]# date -s   //设置当前时间，只有 root 用户才能设置，其他用户只能查看

2. cal——显示指定月份或年份的日历

cal 命令用于显示指定月份或年份的日历。

cal 命令语法如下。

cal（选项）月份 年份

选项含义举例如下。

-1：显示一个月的日历。

-3：显示系统前一个月、当前月、下一个月的日历。

-s：显示以星期日为每星期的第一天，是默认的格式。

-m：显示以星期一为每星期的第一天。

-j：显示在当年中的第几天。

-y：显示当前年份的日历。

例如：

[root@localhost ~]# cal   //显示系统当前月份的日历

运行结果如图 3-27 所示。

图 3-27　显示日历

又如：

[root@localhost ~]# cal 9 2022　　　//显示指定的月份的日历（2022 年 9 月）

[root@localhost ~]# cal -y 2022　　　//显示 2022 年的日历

3. clock——查看日期和时间

clock 命令用于从计算机的硬件中获取日期和时间。

例如：

[root@localhost ~]# clock　　//显示当前硬件的日期和时间

运行结果如图 3-28 所示。

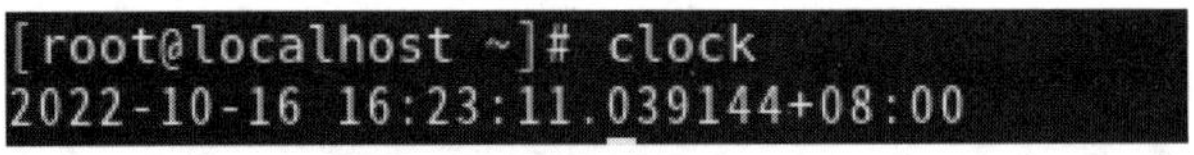

图 3-28　查看系统时间

4. timedatectl——查询和更改系统时钟

timedatectl 命令用于管理和显示系统的日期和时间设置。

例如：

[root@localhost ~]# timedatectl status　　//显示系统的当前时间、日期等信息

运行结果如图 3-29 所示。

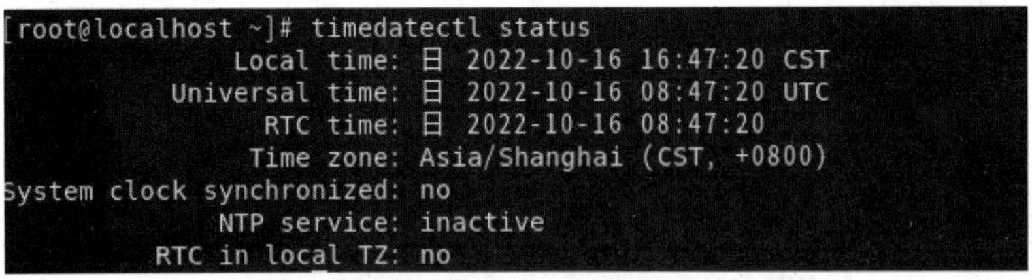

图 3-29　timedatectl 命令

（三）其他的常用命令

本节介绍 Shell 中其他的常用命令。

1. clear——清屏

clear 命令用于清除命令行终端屏幕内容。

例如：

[root@localhost ~]# clear　　//清除屏幕内容

2. history——查看执行过的命令

history 命令用于显示用户最近执行过的命令，通过该命令用户可以清楚地看到自己之前执行的操作。值得注意的是，该命令只能在 BASH 中使用。

history 命令会列出所有使用过的命令并编号，这些信息会被存储在用户主目录的.bash_history 文件中，这个文件默认可以存储 1000 条数据记录。为了查看多条使用过的命令，可以在 history 命令后加参数。

例如：

```
[root@localhost ~]# history 10    //显示最近使用的 10 条命令
```

运行结果如图 3-30 所示。

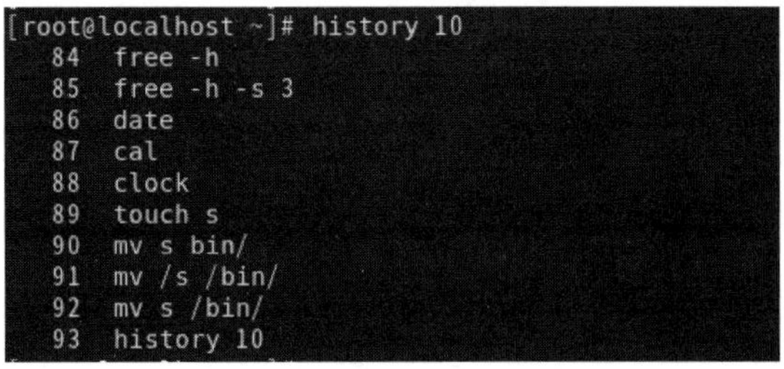

```
[root@localhost ~]# history 10
   84  free -h
   85  free -h -s 3
   86  date
   87  cal
   88  clock
   89  touch s
   90  mv s bin/
   91  mv /s /bin/
   92  mv s /bin/
   93  history 10
```

图 3-30　查看最近使用的 10 条命令

3. man——列出命令的帮助手册

例如：

```
[root@localhost ~]# man
```

4. who——查看当前登录主机的用户信息

例如：

```
[root@localhost ~]# who    //显示所有正在登录主机的用户及其开启的终端信息
```

5. last——查看所有的登录信息

例如：

```
[root@localhost ~]# last
```

运行结果如图 3-31 所示。

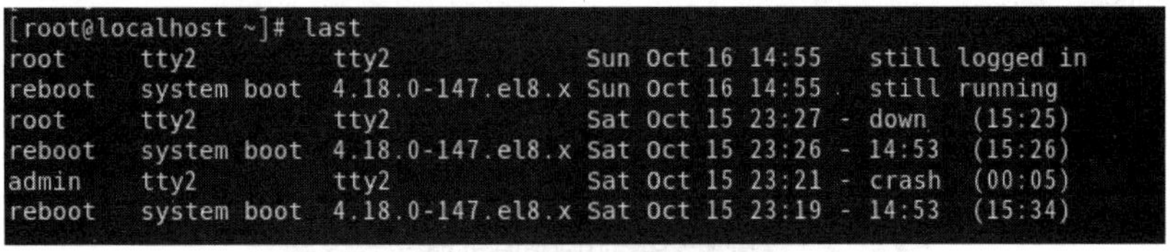

```
[root@localhost ~]# last
root     tty2         tty2             Sun Oct 16 14:55   still logged in
reboot   system boot  4.18.0-147.el8.x Sun Oct 16 14:55   still running
root     tty2         tty2             Sat Oct 15 23:27 - down   (15:25)
reboot   system boot  4.18.0-147.el8.x Sat Oct 15 23:26 - 14:53  (15:26)
admin    tty2         tty2             Sat Oct 15 23:21 - crash  (00:05)
reboot   system boot  4.18.0-147.el8.x Sat Oct 15 23:19 - 14:53  (15:34)
```

图 3-31　查看所有的登录信息

6. echo——在命令行终端输出字符串或变量的值

例如：

```
[root@localhost ~]# echo www.ryjiaoyu.com
```

运行结果如图 3-32 所示。

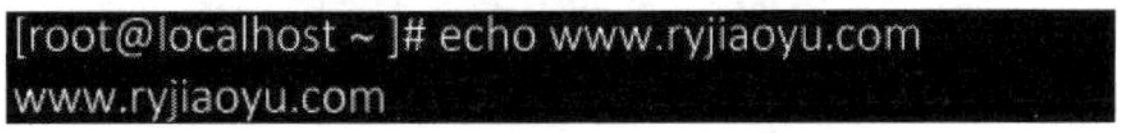

```
[root@localhost ~ ]# echo www.ryjiaoyu.com
www.ryjiaoyu.com
```

图 3-32　将字符串输出到命令行终端

任务 3.5　熟悉 Vi 编辑器

学习任务

通过阅读文献、查阅资料，了解与认识 Linux 中的 Vi 编辑器。

Vi 编辑器是 Linux 中最基本的文本编辑器，它工作在命令行界面模式下。Vi 编辑器可以执行输出、删除、查找、替换、块操作等众多文本操作，而且用户可以根据自己的需要对其进行定制，这是其他编辑器没有的优势。

（一）Vi 编辑器的工作模式

Vi 编辑器有 3 种工作模式，分别是命令模式、插入模式和末行模式。各工作模式的功能区分如下。

1. 命令模式

控制屏幕光标的移动，进行字符、字或行的删除，移动复制某区段及进入插入模式或者末行模式。

2. 插入模式

只有在插入模式下才可以进行文字输入，按 Esc 键可回到命令模式。

3. 末行模式

将文件保存或退出 Vi 编辑器，也可以设置编辑环境，如寻找字符串、列出行号等。一般在使用时将 Vi 工作模式简化成两个，即将末行模式算入命令模式。

（二）Vi 编辑器的操作与应用

Vi 编辑器的操作步骤如下。

1. 进入 Vi 编辑器

在命令提示符后输入 vi 及文件名称后，就进入全屏编辑画面。例如：

```
[root@localhost ~]# vi
```

2. 在命令模式下执行命令

Vi 编辑器处于命令模式时，是无法编辑文本的，只能输入命令。Vi 编辑器界面如图 3-33 所示。

图 3-33　Vi 编辑器界面

Vi 编辑器常用的光标移动命令如表 3-1 所示，常用的查找与替换命令如表 3-2 所示，常用的文本编辑命令如表 3-3 所示。

表 3-1　常用的光标移动命令

命令	用途
←	光标左移
↑	光标上移
→	光标右移
↓	光标下移
0	光标移到这一行的最前面
$	光标移到这一行的最后面
H	光标移到屏幕上第一行的开始处
G	光标移到文件最后一行的开始处
nG	光标移到文件第 n 行的开始处
gg	光标移到文件第一行的开始处

表 3-2　常用的查找与替换命令

命令	用途
/word	从光标位置开始向下查找名为 word 的字符串
?word	从光标位置开始向上查找名为 word 的字符串
n	英文按键，表示"重复前一个操作"
N	英文按键，表示"反向重复前一个操作"
:n1 n2s/word1/word2/g	在 n1 行和 n2 行之间寻找字符串 word1，并将其替换为字符串 word2

表 3-3　常用的文本编辑命令

命令	用途
x，X	x 表示向后删除一个字符，X 表示向前删除一个字符
dd	删除光标所在行
nx	连续向后删除 n 个字符
yy	复制光标所在行
P，p	P 表示将已复制的数据粘贴到光标的下一行，p 表示将已复制的数据粘贴到光标的上一行
u	复原前一个动作
c	重复删除多个数据
Ctrl+R	复原上一个操作

3. 在插入模式下编辑 Vi

插入模式命令如表 3-4 所示。

表 3-4　插入模式命令

命令	用途
i	从光标所在位置前插入新文本
I	将光标移到当前行的行首，然后插入新文本
a	在光标所在位置后插入新文本
A	将光标移到所在行的行尾，然后插入新文本
o	在光标所在行的下方新增一行，并将光标置于行首
O	在光标所在行的上方新增一行，并将光标置于行首
Esc	退出编辑模式
:w	将编辑的数据写入硬盘
:w!	若文件属性为只读，则强制写入该文件
:q	退出 Vi 编辑器
:q!	强制退出且不保存文本
:wq	保存文本后退出
:e!	将文件复原到最初的状态
ZZ	若文件未被修改，则不保存退出；若文件已被修改，则保存后退出
:w filename	将数据另存为文件名为 filename 的文件
:r filename	读入文件名为 filename 的文件，并将数据加到当前光标所在行的后面
:set nu	显示行号

4. Vi 命令综合应用示例

（1）在终端执行命令[root@localhost ~]# vi text.c 后进入 Vi 编辑器，如图 3-34 所示。其中 text.c 为创建的文件名称。

图 3-34　text.c 文件界面

（2）按 A 键，进入插入模式。

（3）输入内容，如图 3-35 所示。

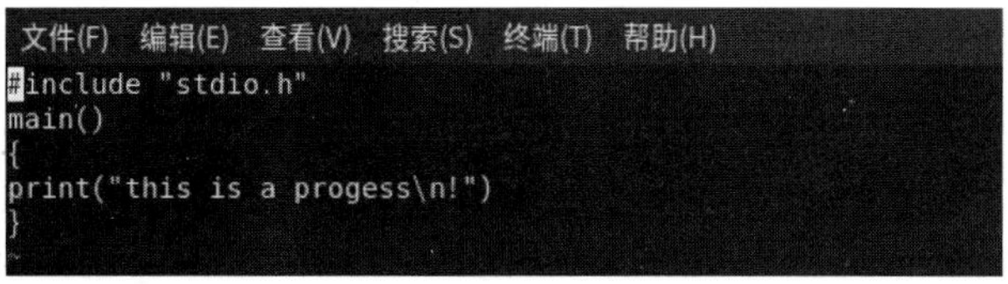

图 3-35 输入内容

（4）输入完成后按 Esc 键，并连续按两次组合键 Shift+Z，即可保存并退出。最终在主目录中显示图 3-36 所示的内容，text.c 即刚才用 Vi 编辑的文档。

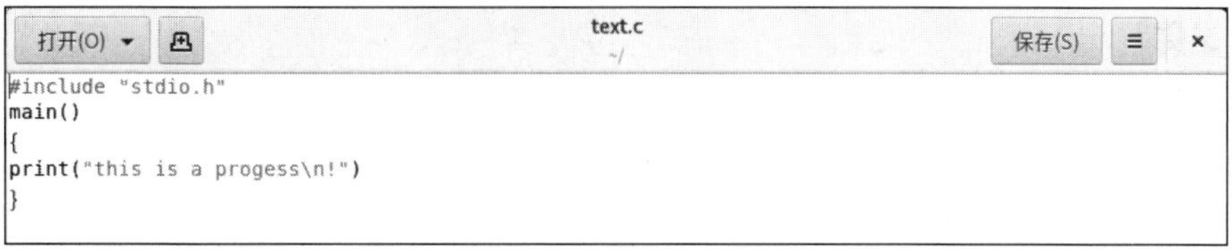

图 3-36 已生成的文件

（5）若要再次编辑该文档，执行命令 vi text.c 即可进入编辑界面。

项目小结

（1）Shell 是 Linux 系统的用户界面，提供了用户与内核进行交互操作的一种接口，是命令语言、命令解释程序及程序设计语言的统称，接收用户输入的命令并把它送入内核执行。当用户向 Shell 发出各种命令时，内核会接收命令并做出相应的反应。Shell 命令由命令名、选项和参数 3 部分组成。

（2）在 Shell 中可以实现 Linux 操作系统的各种功能，如目录和文件的创建及删除。常见的基本命令有 su、exit、shutdown、man、clear、date、uname、du、cal、history 等。常见的目录及文件操作命令有 mkdir、rmdir、cd、mv、ls、touch、cp、rm、cat、grep、more、less 等。

（3）Vi 编辑器是 Linux 中最基本的文本编辑器，它工作在命令行界面模式下。Vi 编辑器可以执行输出、删除、查找、替换、块操作等众多文本操作。

项目实训　Linux 常用 Shell 命令综合实训

1. 实训目的
（1）掌握 Linux 中的基本命令。
（2）掌握 Linux 中目录与文件的常用操作命令。
（3）掌握 Linux 中 Vi 的操作命令。

2. 实训内容
（1）登录 Linux，启动 Shell。
（2）使用 cd 命令切换到/根目录中并显示。
（3）使用 mkdir 命令创建目录并显示。
（4）使用 touch 命令创建文件并显示。
（5）使用 cat 命令显示文件的内容。

（6）使用 rm 命令删除文件。

（7）使用 rmdir 命令删除目录。

（8）使用 ls –l 命令查看目录中的文件。

（9）使用 date 命令查看系统当前的日期。

（10）使用 Vi 编辑器进行文本的编辑并保存。

综合练习

1. 选择题

（1）切换用户账号的命令是（　　　）。

    A. su　　　　　　B. root　　　　　　C. rm　　　　　　D. ls

（2）创建文件的命令是（　　　）。

    A. rm　　　　　　B. touch　　　　　　C. rmdir　　　　　　D. mkdir

（3）创建目录的命令是（　　　）。

    A. rm　　　　　　B. touch　　　　　　C. rmdir　　　　　　D. mkdir

（4）切换工作目录的命令是（　　　）。

    A. cd　　　　　　B. cp　　　　　　C. cat　　　　　　D. cal

（5）列出目录内容的命令是（　　　）。

    A. ls　　　　　　B. la　　　　　　C. cal　　　　　　D. cat

（6）移动文件的命令是（　　　）。

    A. mv　　　　　　B. ls　　　　　　C. cp　　　　　　D. del

（7）显示系统进程占用资源的命令是（　　　）。

    A. top　　　　　　B. cal　　　　　　C. man　　　　　　D. help

（8）shutdown 命令的含义是（　　　）。

    A. 开机　　　　　　B. 重启或关闭系统　C. 注销　　　　　　D. 黑屏

（9）普通用户登录 Linux 的命令提示符是（　　　）。

    A. $　　　　　　B. @　　　　　　C. #　　　　　　D. %

（10）pwd 命令的功能是（　　　）。

    A. 设置用户密码　B. 创建用户　　　　C. 设置密码　　　　D. 显示目录的路径

2. 简答题

（1）简述 Shell 的特点。

（2）简述 more 命令和 less 命令的异同。

（3）简述 Vi 编辑器的使用方法。

Linux 操作系统基础与应用（RHEL 8.1）（第 2 版）

项目 04

用户和用户组管理

【项目导入】

Linux 操作系统是一个多用户、多任务的网络操作系统，允许多个用户同时登录使用。用户登录系统时，系统验证用户名及密码是否匹配来决定是否允许用户登录和使用系统。

本项目首先介绍用户的基本概念、用户的分类，然后介绍用户组的基本概念、用户组的分类，接下来对使用命令方式管理用户和用户组进行详细的讲解，最后介绍用户名、用户密码、用户组名以及用户组密码相关的文件。

【项目要点】

① 用户和用户组的基本概念。
② 使用命令方式管理用户和用户组。
③ 用户名相关文件介绍。
④ 用户密码相关文件介绍。
⑤ 用户组名相关文件介绍。
⑥ 用户组密码相关文件介绍。

【素养提升】

与 Windows 类似，Linux 也有用户和用户组的概念。在 Linux 操作系统中，每次登录系统都必须以用户的身份登录，并且登录后的权限也会根据用户的身份来确定。因此，用户需要保证每个账号的安全。

任务 4.1　认识用户及用户组

学习任务

通过阅读文献、查阅资料，了解与认识 Linux 用户及用户组。Linux 系统中有普通用户、系统用户和超级用户（root）这三种用户，他们权限不同。此外，在 Linux 系统中可以创建多个用户，也可以创建多个用户组，一个用户可以加入多个用户组，目的是方便系统更好地分配权限。

（一）用户的基本概念

每个用户在 Linux 系统中彼此独立、互不影响。每个用户在系统中被授予不同访问权限，可以访问不同的资源。Red Hat Enterprise Linux 系统支持使用命令方式管理用户及用户组。

1. Linux 用户的分类

Linux 系统把用户分成 3 种类型：超级用户、普通用户和系统用户。

在默认安装的情况下，Linux 系统中有一个超级用户，也叫根用户，其名为 root。超级用户类似 Windows 系统中的系统管理员账号 Administrator。Linux 系统的超级用户被赋予系统中的最高权限，可以在系统中进行任何操作，比如添加或删除硬件设备、添加或删除应用程序、添加或删除用户等。因此，一般情况下，不要使用超级用户登录系统，其目的是避免出现错误的操作，导致系统崩溃。在安装 Linux 系统时会让用户设置超级用户的初始密码，一般应使密码足够复杂，避免密码被猜测或破解，从而影响系统的安全。超级用户 root 登录系统后的命令提示符为"#"。

普通用户由超级用户创建和管理，允许本地或通过网络登录访问系统。系统在创建普通用户时，默认为其分配一个目录，这个目录叫作这个用户的主目录。普通用户默认只能访问自己的主目录，不能访问其他用户的主目录。普通用户登录系统后的命令提示符为"$"。

Linux 系统中应用程序的运行以及资源的访问都要由相应的用户及相应的权限来进行。系统在安装 FTP、Web 等服务时，会创建一些用户来运行和管理这些服务。这些用户一般不允许进行本地及远程登录访问，只允许服务运行完成特定的任务。这些用户称为系统用户，也称为伪用户、虚拟用户、系统用户等。

2. Linux 用户的常见属性

Linux 中的所有用户具有以下 7 个常见属性。

（1）用户名。

用户名指用户登录时用于系统识别使用的名称。用户名由字母、数字和下画线等字符组成，在整个系统中具有唯一性，也称为用户账号。用户名不得使用纯数字或"*"","";"等非法的字符。

（2）用户密码。

用户密码指用户登录系统时用于验证用户名的字符串，应该设置得足够复杂。

（3）用户 ID。

在 Linux 系统中，每一个用户不但具有唯一的用户名，还具有唯一的整数值，也就是用户 ID 或 UID。超级用户的 ID 值为 0。特殊用户的 ID 默认取值范围为 1～999。超级用户创建的普通用户的 ID 值从 1000 开始递增。第一个普通用户的 ID 值为 1000，第二个普通用户的 ID 值为 1001，其他普通用户的 ID 值以此类推。

（4）用户组 ID。

在 Linux 系统中，每一个用户组不但具有唯一的用户组名，还具有唯一的整数值，也就是用户组 ID 或 GID。在这里用户组 ID 指用户的主用户组 ID，即主组群 ID。

（5）用户主目录。

用户主目录指 Linux 系统为普通用户默认分配的一个主目录。超级用户的主目录默认为 /root，普通用户的主目录默认为 /home/用户名。如普通用户 student1 的主目录默认为 /home/student1。

（6）备注。

备注也称为用户全名、全称、注释信息，是用户账号的附加信息，可为空。

（7）登录 Shell。

登录 Shell 指用户登录系统后使用的 Shell 环境。对于超级用户和普通用户，其 Shell 环境默认为/bin/bash。对于系统用户，其 Shell 环境默认为/sbin/nologin，表示该用户不能登录。

（二）用户组的基本概念

在 Linux 系统中，根据系统规模大小，可能有为数众多的用户。Linux 系统为了简化对用户的管理，将用户划分到不同的用户组中，使用用户组来管理用户。在设置用户组特性的时候，特性会自动应用到用户组的每一个用户中，即每个用户具有所属用户组的相同特性。用户组也称为群组、组群、组。

1. 用户组的分类

Linux 系统把用户组分成系统组和普通组两种类型。

系统组是安装 Linux 和部分系统应用程序时系统自动创建的组，用户组 ID 值范围为 0～999。Linux 系统默认的系统组为 root，其用户组 ID 值为 0。

普通组是超级用户创建的组，也可称为私人群组，其用户组 ID 值从 1000 开始递增。

Linux 中的用户可以划分到不同的用户组中，用户组中的用户拥有该用户组的全部特性。这些不同的用户组中有一个叫作主群组，其余的叫作附加群组。一个用户只有一个主群组。用户的主群组和附加群组都可以被修改。

2. 用户组的常见属性

Linux 中的所有用户组具有以下 4 个常见属性。

（1）用户组名。

用户组名由字母、数字和下画线等字符组成，在整个系统中具有唯一性，用户组名不得使用纯数字或"*"","";"等非法的字符。

（2）用户组 ID。

用户组 root 的 ID 值为 0，其他系统组的 ID 值范围为 1～999。系统新建的普通组的 ID 值从 1000 开始递增。第一个普通组的 ID 值为 1000，第二个普通组的 ID 值为 1001，其他普通用户组的 ID 值以此类推。

（3）用户组密码。

用户组密码需要单独进行设置。

（4）用户列表。

用户列表列出用户组的所有用户。

任务 4.2　使用命令方式管理用户及用户组

学习任务

通过阅读文献、查阅资料，了解与认识 Linux 用户及用户组相关命令。Linux 用户的管理主要包括创建用户、删除用户、修改用户属性等操作。Linux 提供命令方式来管理用户。Linux 用户组的管理主要包括用户组的创建、用户组的删除、用户组属性的修改、用户组成员的添加和删除等操作。Linux 系统提供命令方式管理用户组。

（一）管理用户

1. 使用命令 useradd 创建用户

基本功能：在系统中创建普通用户，这个操作只能由 root 用户来完成。语法如下。

```
useradd　[选项]　<用户名>
```

常用选项如下。

-c comment：设置用户的注释信息（也称为备注、用户全称等），默认无。

-g group：设置用户的主群组（也称主要组、组等），默认为与用户名同名的用户组。

-G group：设置用户的附加群组（也称附加组、附加组群等），默认无。

-d home：设置用户的主目录，默认为/home/用户名。

-s shell：设置用户登录 Shell 环境，默认为/bin/bash。

-u UID：设置用户的 ID 值，默认为自动设置。

-e expire：设置账号的过期日期，默认为空，格式为"YYYY-MM-DD"。

-f inactive：设置密码过期多少天后禁用该用户，默认为空。

备注："选项"是可选项，创建用户时没有设置选项，则选项将按照默认值设置。

【例 4-1】不使用任何选项创建一个名为 userA 的用户。

```
[root#localhost ~ ]useradd userA
```

在执行本命令时，创建用户的属性按照默认值进行设置，其主目录为/home/userA，登录 Shell 环境为/bin/bash，用户密码未设置。该命令没有设置用户的主群组，如果系统中没有和该用户名同名的用户组，则自动创建一个和该用户名同名的用户组 userA，用户 userA 的主群组即用户组 userA。如果系统中有和该用户名同名的用户组，则需要使用选项"-g"显示指定主群组。

【例 4-2】创建用户 userB，账号的有效期至 2030 年 1 月 1 日，到期后还能使用 1 天。

```
[root#localhost ~ ]useradd　-e　2030-01-01　-f　1　userB
```

日期格式也可以写成 2030-1-1。

【例 4-3】创建用户 userC，该用户的主群组为 group1，附加群组为 group2。

```
[root#localhost ~ ]useradd　-g　group1 -G group2　userC
```

在执行本命令时，首先要保证用户组 group1 和 group2 存在。

2. 使用命令 userdel 删除用户

基本功能：在系统中删除用户，这个过程只能由 root 用户来完成。语法如下。

```
userdel  [选项]  <用户名>
```

常用选项如下。

-r：在删除用户时将用户的主目录同时删除。注意，默认不删除该用户的主目录。

备注：在删除用户时，如果该用户的主群组与该用户同名，且该用户的主群组不是其他用户的主群组或附加群组，则该用户的主群组也会被同时删除。

【例 4-4】删除用户 userB，但保留其主目录。

```
[root#localhost ~ ]userdel userB
```

【例 4-5】删除用户 userC，同时删除其主目录。

```
[root#localhost ~ ]userdel -r userC
```

3. 使用命令 passwd 设置与修改用户密码等属性

基本功能：在系统中设置和修改用户的密码等属性。语法如下。

```
passwd  [选项]  [用户名]
```

常用选项如下。

-l name：锁定系统中的普通用户账户，使其不能登录。

-u name：解锁系统中被锁定的普通用户账户，恢复其登录功能。

-x days：密码最长使用时间（天）。

-n days：密码最短使用时间（天）。

-d：删除用户的密码。

备注：命令 passwd 不带选项和用户名即修改当前登录用户名的密码；root 用户可以修改所有用户的密码，普通用户只能修改自己账号的密码；root 用户不需要用户的原始密码就能修改密码，普通用户修改密码会先询问原始密码，验证成功后才能修改密码。

【例 4-6】当前登录用户为 root，设置用户 userA 的密码为 "Cqepc255;"。

```
[root@localhost ~ ]# passwd   userA
更改用户 userA 的密码。
新的 密码：
重新输入新的 密码：
passwd：所有的身份验证令牌已经成功更新。
```

在"新的 密码："和"重新输入新的 密码："后输入 "Cqepc255;"，然后按 Enter 键。屏幕上不显示输入的密码字符。如果 root 用户设置密码时输入的密码少于 8 个字符，屏幕上会出现提示字符串"无效的密码： 密码少于 8 个字符"，但仍可修改密码。如果 root 用户设置密码时输入的密码过于简单，屏幕上会出现提示字符串"无效的密码：密码未通过字典检查 - 太简单或太有规律"，但仍可修改密码。普通用户在修改自己的密码时，设置的密码默认要求是复杂的密码。一般来说，复杂密码包含大写字母、小写字母、数字、下画线、横线等字符，长度不少于 8 位。

【例 4-7】使用命令 passwd 锁定用户 userA，使其不能登录系统。

```
[root@localhost ~ ]# passwd -l userA
锁定用户 userA 的密码。
passwd: 操作成功
```

执行该命令后，用户 userA 将不能登录系统。锁定用户也可使用 usermod 命令。

【例 4-8】用户 userA 已经被锁定，使用命令 passwd 解锁该用户，恢复其登录系统功能。

```
[root@localhost ~]# passwd  -u  userA
解锁用户 userA 的密码。

passwd: 操作成功
```

执行该命令后，用户 userA 又能登录系统。解锁用户也可使用 usermod 命令。

【例 4-9】设置用户 userA，使其密码最长使用时间是 60 天。

```
[root@localhost ~]# passwd –x 60 userA
调整用户密码老化数据 userA。

passwd: 操作成功
```

执行该命令后，用户 userA 在 60 天后必须修改密码。

4. 使用命令 usermod 修改用户属性

基本功能：在系统中修改用户的属性，如备注、用户 ID、主目录、主群组、附加群组、密码等。语法如下。

```
usermod  [选项]  <用户名>
```

常用选项如下。

-c comment：修改用户的注释信息。

-g group：修改用户的主群组。

-G group：修改用户的附加群组，多个附加群组以","分隔。

-l name：修改用户账户名称。

-L：锁定用户，使其不能登录。

-U：解除对用户的锁定。

-u UID：修改用户的 ID 值。

-d home：修改用户的主目录。

-p passwd：修改用户密码。

【例 4-10】锁定用户 userA，使其不能登录系统。

```
[root@localhost ~]#usermod –L userA
```

本命令与命令 passwd -l userA 的功能相同。

【例 4-11】用户 userA 已被锁定，尝试解锁用户 userA。

```
[root@localhost ~]#usermod –U userA
```

本命令与命令 passwd -u userA 的功能相同。

【例 4-12】修改用户 userA 的主群组为 group1，附加群组为 group2 和 group3。

```
[root@localhost ~]# usermod  -g  group1  -G  group2,group3  userA
```

在执行本命令时，首先要保证用户 userA 以及用户组 group1、group2 和 group3 存在。附加群组 group2 和 group3 之间用","分隔。

5. 使用命令 whoami 显示当前登录用户

基本功能：在系统中显示当前登录用户。语法如下。

```
whoami
```

【例 4-13】显示当前登录用户。

```
[root@localhost ~]#whoami
```

root

值得注意的是，命令 whoami 中字符间没有空格。

6. 使用命令 id 显示用户信息

基本功能：在系统中显示当前登录用户或指定用户的 ID、主群组名及其 ID、附加群组名及其 ID。语法如下。

id　[选项]　[用户名或用户 ID]

常用选项如下。

-u：显示用户的 ID。

-g：显示用户的主群组的 ID。

-G：显示用户的主群组的 ID 和附加群组的 ID。

备注：选项和用户名都是可选项。本命令不带选项时可以同时显示用户名及其 ID、主群组名及其 ID、附加群组名及其 ID。不带用户名时，默认显示当前登录用户的信息。root 用户可以显示其他用户的账号信息，普通用户只能显示自己的账号信息。

【例 4-14】显示用户 userA 的 ID、主群组及附加群组信息。

[root@localhost ~]# id　userA

uid=1001(userA) gid=1003(group1) 组=1003(group1),1004(group2),1005(group3)

根据系统中该用户具体的主群组及附加群组，显示结果可能不一样。其中"gid=1003(group1)"表示用户 userA 的主群组 ID 为 1003，主群组名为 group1。"组=1003(group1),1004(group2),1005(group3)"表示用户 userA 的主群组 ID 为 1003，主群组名为 group1，第 1 个附加群组 ID 为 1004，附加群组名为 group2，第 2 个附加群组 ID 为 1005，附加群组名为 group3。

【例 4-15】显示用户 userA 的主群组 ID 和附加群组 ID。

[root@localhost ~]# id -G userA

1003 ·1004 1005

显示结果"1003·1004 1005"表示用户 userA 的主群组 ID 为 1003，附加群组 ID 为 1004和 1005。

选项"-G"不但显示用户的主群组 ID，也显示用户的附加群组 ID。显示结果中，第 1 个ID 为用户的主群组 ID，其余为附加群组 ID。

（二）管理用户组

1. 使用命令 groupadd 创建用户组

基本功能：在系统中创建普通用户组或系统用户组。语法如下。

groupadd　[选项]　<用户组名>

常用选项如下。

-g gid：设置用户组 ID。

-r：创建系统用户组。

【例 4-16】创建普通用户组 group4。

[root@localhost ~]#groupadd　group4

系统自动设置用户组 ID，其 ID 值大于 999。

【例 4-17】创建普通用户组 group5，其 ID 值为 2000。

```
[root@localhost ~ ]#groupadd  -g  2000  group5
```

在执行本命令时，要保证系统中没有用户组 ID 值为 2000 的用户组，本命令才能成功执行。

【例 4-18】创建系统用户组 sysA。

```
[root@localhost ~ ]#groupadd  -r  sysA
```

系统自动设置用户组 ID，其 ID 值小于 1000。

2. 使用命令 groupdel 删除用户组

基本功能：在系统中删除用户组。语法如下。

```
groupdel    <用户组名>
```

备注：如果用户组是某个用户的主群组，该命令不能删除该用户组；如果用户组是某个用户的附加群组，不影响该命令的执行。

【例 4-19】删除用户组 group5。

```
[root@localhost ~ ]# groupdel  group5
```

在执行该命令时，只有用户组 group5 不是某个用户的主群组，该命令才能成功执行。

3. 使用命令 groupmod 修改用户组的属性

基本功能：在系统中修改用户组的属性，如用户组 ID 值、用户组名等。语法如下。

```
groupmod    [选项]  <用户组名>
```

常用选项如下。

-g gid：修改用户组的 ID 值。

-n name：修改用户组名。

【例 4-20】修改用户组 group1 的 ID 值为 3001。

```
[root#localhost ~ ] groupmod  –g  3001  group1
```

在执行本命令时，只有保证系统中没有 ID 值为 3001 的用户组，本命令才能成功执行。

4. 使用命令 gpasswd 添加/删除用户组成员

基本功能：在系统中添加/删除用户组成员。语法如下。

```
gpasswd  [选项]  <用户组名>
```

常用选项如下。

-a name：向用户组中添加用户。

-d name：从用户组中删除用户。

备注：通过 gpasswd 命令添加或删除的用户组成员，这个用户组是这个用户的附加群组。本功能也可使用命令 usermod 来完成。

【例 4-21】向用户组 group4 中添加用户 userA。

```
[root@localhost ~ ]# gpasswd  -a  userA  group4
正在将用户"userA"加入"group4"组中
```

需要保证用户、用户组存在，且用户组中无该用户，该命令才能成功执行。

【例 4-22】从用户组 group4 中删除用户 userA。

```
[root@localhost ~ ]# gpasswd  -d  userA  group4
正在将用户"userA"从"group4"组中删除
```

需要保证用户 userA、用户组 group4 存在，且用户组中有该用户，该命令才能成功执行。

该命令仅将用户 userA 从用户组中删除，并没有将用户从系统中删除。

5. 使用命令 groups 查询用户的主群组和附加群组

基本功能：在系统中查询用户的主群组和附加群组。语法如下。

```
groups   [用户名]
```

备注：不带用户名则查询当前登录用户的主群组和附加群组。root 用户和普通用户均能查询其他用户的主群组和附加群组。

【例 4-23】查询用户 userA 的主群组和附加群组。

```
[root@localhost ~ ]# groups   userA
userA : group1 group2 group3
```

不同系统由于实际情况不同，显示结果可能有所差别。本例中显示信息"userA：group1 group2 group3"表示用户 userA 的主群组为 group1，附加群组为 group2 和 group3。

任务 4.3　熟悉用户及用户组相关文件

学习任务

通过阅读文献、查阅资料，了解与认识 Linux 用户及用户组相关文件。Linux 用户及用户组相关文件主要包含用户名文件、用户密码文件、用户组名文件以及用户组密码文件。

（一）用户名文件

在 Linux 系统中，无论是通过命令方式还是通过图形化界面方式创建的用户，最终的用户信息都保存在文件/etc/passwd 中，且以纯文本文件方式保存，默认所有用户都有可读权限。

可使用 cat 命令查看/etc/passwd 文件信息。

```
[root@localhost ~ ]# cat   /etc/passwd
root:x:0:0:root:/root:/bin/bash
bin:x:1:1:bin:/bin:/sbin/nologin
daemon:x:2:2:daemon:/sbin:/sbin/nologin
adm:x:3:4:adm:/var/adm:/sbin/nologin
lp:x:4:7:lp:/var/spool/lpd:/sbin/nologin
sync:x:5:0:sync:/sbin:/bin/sync
shutdown:x:6:0:shutdown:/sbin:/sbin/shutdown
halt:x:7:0:halt:/sbin:/sbin/halt
mail:x:8:12:mail:/var/spool/mail:/sbin/nologin
operator:x:11:0:operator:/root:/sbin/nologin
games:x:12:100:games:/usr/games:/sbin/nologin
ftp:x:14:50:FTP User:/var/ftp:/sbin/nologin
```

文件/etc/passwd 中每一行表示一个用户的属性信息。每一行属性信息包含 7 个信息字段，每个信息字段用"："分隔。

第 1 个字段，表示用户名。本字段非空。

第 2 个字段，表示用户密码，该处始终是字母 x。用户密码被加密后保存在文件/etc/shadow 中。

第 3 个字段，表示用户 ID。本字段非空。

第 4 个字段，表示主群组 ID。本字段非空。

第 5 个字段，表示用户注释信息。本字段可为空。

第 6 个字段，表示用户主目录。本字段非空。

第 7 个字段，表示用户登录 Shell。本字段非空。

【例 4-24】使用命令 useradd   testuser1 创建用户，试分析该命令在文件/etc/passwd 中添加的用户信息。

```
[root@localhost ~ ]#useradd    testuser1
[root@localhost ~ ]#more    /etc/passwd  | grep    testuser1
testuser1:x:1002:1002:/home/testuser1:/bin/bash
```

命令 more   /etc/passwd | grep   testuser1 可显示保存在文件/etc/passwd 中用户 testuser1 的用户 ID 等属性信息。x 为固定字符，第 1 个 1002 表示用户的 ID，第 2 个 1002 表示主群组的 ID，":" 表示用户的注释信息为空，/home/testuser1 表示用户的主目录，/bin/bash 表示用户的登录 Shell。

【例 4-25】使用命令 cat/etc/passwd |wc   -l 查看本机一共有多少账号。

```
[root@localhost ~ ]# cat   /etc/passwd  |wc  -l
44
```

（二）用户密码文件

在 Linux 系统中，为了提高系统的安全性，加密的用户密码及其他相关属性信息存放在文件/etc/shadow 中，默认只有 root 用户可以查看该文件。

文件/etc/shadow 和文件/etc/passwd 很相似，分成多行，每行信息对应一个用户。文件/etc/shadow 每行分成 9 个字段，每个信息字段用 ":" 分隔。

第 1 个字段，表示用户名，同用户名文件中的用户名。本字段非空。

第 2 个字段，表示加密后的密码。如果为 "!!"，表示该用户还没有设置密码；如果为空，表示密码被清除掉，不用密码就能登录系统；如果 "!" 或 "!!" 后接很多其他字符，表示该用户被锁定，不能登录系统。

第 3 个字段，表示上次修改密码日期。如果是新建用户，则表示从 1970-1-1 日起到创建用户日期的天数。

第 4 个字段，表示两次修改密码的最小间隔天数。默认值为 0，表示禁用或不限制。

第 5 个字段，表示两次修改密码的最大间隔天数。默认值为 99999，表示禁用或不限制。

第 6 个字段，表示提前多少天提醒用户密码将过期。默认值为 7 天。

第 7 个字段，表示密码过期多少天后禁用该用户。默认值为空。

第 8 个字段，表示用户过期日期（从 1970-1-1 起到过期日期的天数）。默认值为空。

第 9 个字段，保留字段。目前无意义，默认值为空。

【例 4-26】使用命令 useradd   testuser2 添加用户，试分析该命令在/etc/shadow 文件中添加的用户信息。

```
[root@localhost ~ ]# useradd testuser2
```

```
[root@localhost ~ ]# more   /etc/shadow   |   grep   testuser2
testuser2:!!:19452:0:99999:7:::
```

命令 more /etc/shadow | grep testuser2 可显示保存在/etc/shadow 文件中用户 testuser2 的密码等属性信息。"!!"表示创建用户后还没有设置密码。19452 表示从 1970-1-1 起到创建用户时的天数。0 表示用户可随时修改密码。99999 表示不限制用户密码使用天数。7 表示提前 7 天提醒用户密码即将到期。最后连续 3 个":"，前两个":"之间的空白表示没有设置密码过期多少天后禁用该账号，后两个":"间的空白表示没有设置用户过期日期。

（三）用户组名文件

在 Linux 系统中，通过命令方式创建的用户组，最终的用户组信息都保存在文件/etc/group 中，且以纯文本文件方式保存，默认所有用户都能查看。

类似用户名文件，用户组名文件分成多行信息，每行信息对应一个用户组。每行信息包含 4 个字段，每个字段间用":"分隔。

第 1 个字段，表示用户组名。本字段非空。

第 2 个字段，表示用户组密码，该处始终是字母 x。用户组密码被加密后保存在文件/etc/gshadow 中。

第 3 个字段，表示用户组 ID。本字段非空。

第 4 个字段，表示用户组成员列表，每个用户组成员用","分隔。本字段可为空。

【例 4-27】首先执行命令 useradd   groupuser1，然后执行命令 groupadd   testgroup1，最后执行命令 gpasswd   –a   groupuser1   testgroup1，试分析在/etc/group 文件中用户组 testgroup1 的相关信息。

```
[root@localhost ~ ]# useradd   groupuser1
[root@localhost ~ ]# groupadd   testgroup1
[root@localhost ~ ]# gpasswd  -a  groupuser1  testgroup1
正在将用户"groupuser1"加入"testgroup1"组中
[root@localhost ~ ]# more   /etc/group   |   grep   testgroup1
testgroup1:x:3002:groupuser1
```

命令 more   /etc/group | grep   testgroup1 可显示保存在文件/etc/group 中用户组 testgroup1 的属性信息。显示的信息中最后一行是用户组 testgroup1 的相关信息。x 是固定字符，3002 表示用户组 ID，groupuser1 表示该用户组包含的用户。不同的系统，用户组 ID 可能不一样。

（四）用户组密码文件

在 Linux 系统中，为了提高系统的安全性，加密的用户组密码及其他相关属性信息存放在文件/etc/gshadow 中，默认只有 root 用户可查看该文件。

类似用户组名文件，用户组密码文件分成多行信息，每行信息对应一个用户组密码信息。每行信息包含 4 个字段，每个字段用":"分隔。

第 1 个字段，表示用户组名，同文件/etc/group 中的用户组名。

第 2 个字段，表示加密后的用户组密码。

第 3 个字段，表示用户组的管理者，每个管理者用","分隔。

第 4 个字段，表示用户组成员列表，每个用户组成员用 "," 分隔。

【例 4-28】试分析例 4-27 在/etc/gshadow 文件中添加的用户组信息。

```
[root@localhost ~ ]# more /etc/gshadow   |   grep   testgroup1

testgroup1:!::groupuser1
```

命令 more /etc/gshadow ｜ grep testgroup1 可显示保存在文件/etc/group 中用户组 testgroup1 的属性信息。显示的信息中最后一行是用户组 testgroup1 的相关信息。"!"表示没有设置组密码，"::"表示没有设置用户组的管理者，groupuser1 表示该用户组包含的用户。

项目小结

（1）Linux 是一个多用户、多任务系统，任何用户都必须使用用户名及与之匹配的密码登录系统后才能使用系统。

（2）Linux 中的用户分为超级用户、普通用户和特殊用户，用户组分为系统用户组和普通用户组。

（3）root 用户具有系统最高权限，在不执行管理任务时，尽量避免使用 root 用户登录系统，以免对系统造成不可挽回的损失。

（4）用户组可以用来简化对用户的管理，用户组中的用户拥有该用户组的全部特性。一个用户只有一个主群组，一个用户可同时拥有多个附加群组。

（5）使用命令管理用户及用户组简洁、灵活，相关的主要命令有 useradd、userdel、passwd、usermod、groupadd、groupdel、groupmod、gpasswd 等。

（6）使用命令创建的用户，用户名等信息都保存在文件/etc/passwd 中，用户密码等信息保存在文件/etc/shadow 中。

（7）使用命令创建的用户组，用户组名等信息都保存在文件/etc/group 中，用户组密码等信息保存在文件/etc/gshadow 中。

项目实训　用户和用户组管理综合实训

1. 实训目的

（1）掌握用户、用户组的概念及其分类。

（2）掌握使用命令管理用户的方法。

（3）掌握使用命令管理用户组的方法。

（4）掌握用户及用户组相关文件。

2. 实训内容

（1）为本班同学分别创建用户账号，设置其用户名和默认密码均为同学名称的拼音。

（2）为本班创建一个用户组，将本班同学用户账号添加到这个用户组。

（3）为本班同学用户账号设置账号过期时间为 2030-12-30。

（4）设置本班同学用户账号第 1 次登录系统时强制修改密码。

（5）设置本班同学用户账号的最长修改密码时间是 30 天。

（6）解析在用户名文件、用户密码文件中本班同学用户账号信息。

（7）解析在用户组名文件、用户组密码文件中本班同学用户账号组成的用户组信息。

（8）锁定或解锁部分同学的账号，验证是否能登录系统。

（9）root 用户登录系统，利用 su 命令切换到部分同学账号，尝试创建文件及目录。

（10）删除本班同学用户账号及班级用户组。

综合练习

1. 选择题

（1）默认情况下，root 用户的主目录是（　　）。

    A. /root   B. /   C. /home   D. /admin

（2）默认情况下，普通用户主目录在目录（　　）中。

    A. /root   B. /   C. /home   D. /admin

（3）Linux 的用户名信息文件被保存在文件（　　）中。

    A. /etc/passwd   B. /etc/shadow   C. /etc/group   D. /etc/users

（4）Linux 的用户组名信息文件保存在文件（　　）中。

    A. /etc/passwd   B. /etc/shadow   C. /etc/group   D. /etc/users

（5）使用命令 useradd　testuser 添加用户，则该用户的主目录是（　　）。

    A. /root/testuser B. /home/testuser C. /testuser   D. /sys/testuser

（6）在创建用户时，使用（　　）选项可改变其主目录的位置。

    A. -r   B. -s   C. -d   D. -h

（7）更改用户名 user1 为 User1 的命令是（　　）。

    A. usermod　-name　User1　user1

    B. usermod　-c　User1　user1

    C. usermod　-u　User1　user1

    D. usermod　-l　User1　user1

（8）更改用户组名 oldGroup 为 newGroup 的命令是（　　）。

    A. groupmod　-name　newGroup　oldGroup

    B. groupmod　-n　newGroup　oldGroup

    C. groupmod　-u　newGroup　oldGroup

    D. groupmod　-l　newGroup　oldGroup

（9）锁定用户 user1 的命令是（　　）。

    A. passwd -l user1   B. passwd -U user1

    C. usermod -l user1   D. usermod -u user1

（10）root 用户的 UID 为（　　）。

    A. 0   B. 500   C. 501   D. 1

2. 填空题

（1）用户名文件是＿＿＿＿＿＿＿＿，用户密码文件是＿＿＿＿＿＿＿＿，用户组名文件是＿＿＿＿＿＿＿＿。

（2）使用最简单的命令创建一个用户 testuser，命令是＿＿＿＿＿＿＿＿＿＿。

（3）使用最简单的命令创建一个用户组 testgroup，命令是＿＿＿＿＿＿＿＿＿＿。

（4）将用户 testuser 添加到用户组 testgroup 的命令是＿＿＿＿＿＿＿＿＿＿。

（5）删除用户 testuser 及其主目录的命令是＿＿＿＿＿＿＿＿＿＿。

3. 判断题

（1）用户密码文件被加密保存在文件/etc/passwd 中。（　　　）

（2）用户组密码文件被加密保存在文件/etc/group 中。（　　　）

（3）使用命令创建用户时不能同时设置密码。（　　　）

（4）当用户组是某个用户的主群组时，不能删除用户组。（　　　）

（5）只有 root 用户才有权限管理用户和用户组。（　　　）

4. 简答题

（1）简述用户的分类及其特点。

（2）简述文件/etc/passwd 各行信息字段的意思。

项目 05

文件系统及磁盘管理

【项目导入】

本项目首先介绍 Linux 的文件系统及目录结构，然后介绍 Linux 文件系统中的属主、属组和其他用户的基本概念，详细讲解如何使用命令和图形化界面两种模式设置文件和目录的属主及属组。接下来，本项目对文件和目录的访问权限进行介绍，详细讲解如何使用命令和图形化界面两种模式设置文件和目录的访问权限。管理磁盘是 Linux 系统管理的一项重要内容，本项目将详细讲解如何创建及删除磁盘分区、格式化磁盘分区、挂载及卸载磁盘分区等操作。最后，本项目详细讲解磁盘配额的设置和测试。

【项目要点】

① Linux 的文件系统及目录结构。
② Linux 中属主及属组的基本概念。
③ Linux 中属主及属组的命令方式设置及图形化界面方式设置。
④ Linux 中文件和目录的访问权限的基本概念。
⑤ Linux 中文件和目录的访问权限的命令方式设置及图形化界面方式设置。
⑥ Linux 中磁盘分区的创建及删除、格式化、挂载及卸载操作。
⑦ Linux 中磁盘配额的设置和测试。

【素养提升】

在任何一个操作系统中，文件管理是基本功能之一，而文件管理是由文件系统来完成的。文件系统主要用于组织和管理计算机存储设备上的大量文件，并提供用户交互接口。只有掌握文件系统，才能更好地管理操作系统。

任务 5.1　认识 Linux 文件系统及目录结构

学习任务

通过阅读文献、查阅资料，了解与认识 Linux 文件系统及目录结构。文件系统是操作系统中管理和存储文件及目录的组织方式。通过文件系统，可以很容易地存储和检索文件及目录数据。

（一）Linux 文件系统

1. 文件及目录基本概念

文件是存储在计算机中的信息集合，包括文字、图片、音频、视频及程序等信息数据。文件一般以磁盘、光盘、磁带等为载体，是计算机操作系统的一个重要概念。计算机操作系统通过文件将信息数据长期保存和使用，文件是计算机存储信息的基本单位。每一个文件都有一个字符串，称为文件名。计算机操作系统通过文件名来识别文件。

目录是文件的组织单位，是一个管理文件的文件，也要占用存储空间，也有自己的名称。这个文件存储其他文件及目录的一些相关信息。在 Windows 操作系统中，一般称这个文件为"文件夹"，其意义同目录是一样的。

目录中的目录被称为子目录。子目录中也可以包含自己的子目录及文件。

2. Linux 的文件系统

各种不同的操作系统都有自己的专属文件系统。例如，Windows 操作系统中有 MS-DOS、FAT16、FAT32、NTFS 等文件系统。Linux 中有 Ext、XFS、swap 等文件系统。

Ext（extended file system，扩展文件系统）将设备作为文件处理。Ext 有 Ext2、Ext3 及 Ext4 这 3 个版本。Ext2 是 Linux 系统中最常用的标准文件系统。Ext3 是 Ext2 的加强版本，增加了日志功能。Ext4 是 Ext3 的加强版本，可支持 1EB 的分区及最大 16TB 的文件。

XFS 是一种高性能的文件系统，具有强大的日志功能，支持的存储容量高达 18EB。当系统意外宕机，磁盘文件受到损坏时，XFS 能根据记录的日志迅速修复磁盘文件内容。RHEL 8.1 默认文件系统是 XFS。

swap 文件系统是专门用于 Linux 的交换（swap）分区的文件系统。在 Linux 的运行中，当物理内存不够时，系统使用 swap 分区来模拟物理内存，将系统一部分物理内存中的数据转存到 swap 分区，从而解决系统物理内存不够的问题。一般 swap 分区的存储容量被设置为物理内存的 2 倍。swap 分区及 swap 文件系统是每个 Linux 系统正常运行时必需的分区及文件系统。

（二）Linux 目录结构

Linux 文件系统采用树状目录结构，最上层是"/"目录，称为根目录。Linux 制定了一套文件目录命名及存放标准的规范，Linux 发行商都要遵循这些规范。在安装系统时，会创建一些默认的目录，表 5-1 所示为 Linux 根目录及根目录中的主要默认目录。

表 5-1　Linux 根目录及根目录中的主要默认目录

目录	说明
/	Linux 系统的最上层目录，所有文件及目录都从这个目录开始，称为根目录
/bin	包含 Linux 系统中必需的基础命令文件
/boot	系统启动时必需的文件及目录
/dev	系统接口设备文件目录
/etc	系统主要的配置信息文件目录
/home	系统普通用户的主目录的上一级目录
/lib	系统的库文件存放目录
/mnt	系统存储设备的挂载目录
/root	root 用户的主目录
/sbin	系统启动时需要运行的程序目录
/tmp	临时文件目录
/usr	系统应用程序存放目录
/var	内容经常变化的文件目录
/opt	第三方应用程序的安装目录

任务 5.2　管理文件与目录的访问用户

学习任务

通过阅读文献、查阅资料，了解与认识 Linux 中的文件和目录的访问用户。访问用户是指对文件和目录拥有可读、可写或可执行权限的用户。Linux 中的文件和目录都设定了访问用户，各类访问用户具有相应的访问权限，能完成权限之内的操作。

（一）文件与目录的访问用户概述

Linux 把文件和目录的访问用户分为三大类：一是属主，二是属组，三是其他用户。属主是系统中能访问该文件或目录的用户，也称为拥有者或所有者。属组是系统中可以访问该文件或目录的用户组，也称为群组、组群或组。属主一般在属组中。其他用户是 Linux 系统中除属主和属组内的用户之外的所有用户。

文件和目录的访问用户可通过命令行界面和图形化界面两种模式来设置。在命令行界面模式下，通过命令 ls 来查看访问用户，通过命令 chown 来修改属主和属组，也可通过命令 chgrp 来修改属组。在图形化界面模式下，右键单击文件或目录，在弹出的快捷菜单中选择"属性"命令，然后在弹出的界面中打开"权限"选项卡，即可查看和设置文件或目录的属主和属组。

（二）使用命令设置文件与目录的访问用户

1. 查看文件和目录的访问用户

命令 ls 的"-l"选项可查看文件和目录的访问用户。

【例 5-1】用命令 ls -l 选项查看目录/boot/grub2/的访问用户。

```
[root@localhost ~]# ls -l /boot/grub2/
总用量 28
-rw-r--r--.   1  root  root    64    2 月    23 00:32  device.map
drwxr-xr-x.   2  root  root    25    2 月    23 00:32  fonts
-rw-r--r--.   1  root  root  5121    2 月    23 00:32  grub.cfg
-rw-r--r--.   1  root  root  1024    3 月     1 11:10  grubenv
drwxr-xr-x.   2  root  root  8192    2 月    23 00:32  i386-pc
```

显示的信息分为多行，每一行表示一个文件或目录的详细信息，每行又分成多个信息字段。每行的第 3 列表示文件的属主，第 4 列表示文件的属组。在本例中，各行表示的文件或目录的属主均为 root、属组均为 root。

2. 修改文件或目录的访问用户

默认情况下，当前登录用户创建的文件或目录的属主就是当前登录用户，属组就是当前登录用户的主群组。根用户及属主有权限更改属主及属组。修改访问用户就是修改属主及属组。修改属主和属组可用命令 chown，修改属组还可用命令 chgrp。

（1）chown 命令的使用。

基本功能：修改文件或目录的属主和属组。语法如下。

```
chown   [选项]   属主[.属组]   <文件名>   …
```

常用选项如下。

-c：若该文件确实已经更改，才显示其更改动作的信息。

-R：对目录及目录下的子目录、文件进行递归设置。

-v：输出详细显示信息。

【例 5-2】修改文件/tmp/file1.txt 的属主为 userA，修改文件/tmp/file2.txt 的属组为 group1，修改文件/tmp/file3.txt 的属主为 userA、属组为 group1。

```
[root@localhost ~]# chown      userA          /tmp/file1.txt
[root@localhost ~]# chown      .group1        /tmp/file2.txt
[root@localhost ~]# chown      userA.group1   /tmp/file3.txt
```

特别值得注意的是，在修改属组时，命令中用户组 group1 前面有一个"."。在对文件重新设置属主、属组的时候，首先应保证系统中有相应文件、相应用户及用户组。文件在此处使用的是绝对路径，也可使用相对路径。本例中，若 root 用户当前路径为/tmp，上述示例中的文件就可以只写文件名。

【例 5-3】递归修改目录/tmp/dir1 的属主为 userA，递归修改目录/tmp/dir2 的属组为 group1，递归修改目录/tmp/dir3 的属主为 userA、属组为 group1。

```
[root@localhost ~]# chown     -R   userA          /tmp/dir1
[root@localhost ~]# chown     -R   .group1        /tmp/dir2
[root@localhost ~]# chown     -R   userA.group1   /tmp/dir3
```

chown 命令对目录进行递归设置时，需要加上选项-R。

【例 5-4】设置文件/tmp/test1.txt 和/tmp/test2.txt 的属主均为 userA、属组均为 group1。

```
[root@localhost ~]# chown     userA.group1     /tmp/test1.txt   /tmp/test2.txt
```

chown 命令可同时设置多个文件和目录的属主及属组，多个文件和目录用空格或制表符分隔。

（2）chgrp 命令的使用。

基本功能：修改文件和目录的属组。语法如下。

chgrp ［选项］ 属组 <文件名> …

常用选项如下。

-c：若该文件确实已经更改，才显示其更改动作的信息。

-R：对目录及目录下的子目录、文件进行递归设置。

【例 5-5】修改文件/tmp/newfile.txt 的属组为 group1。

[root@localhost ~]# chgrp   group1   /tmp/newfile.txt

注意，使用 chgrp 命令设置时，在用户组 group1 前不需要使用"."。

【例 5-6】递归修改目录/tmp/newdir1 的属组为 group1。

[root@localhost ~]# chgrp   -R   group1   /tmp/newdir1

使用 chgrp 命令对目录进行递归设置时，需要加上选项-R。

【例 5-7】递归修改目录/tmp/newdir2 和/tmp/newdir3 的属组均为 group2。

[root@localhost ~]# chgrp   -R   group2   /tmp/newdir2   /tmp/newdir3

chgrp 命令可同时设置多个文件和目录的属组，多个文件和目录用空格或制表符分隔。

（三）使用图形化界面设置文件与目录的访问用户

Nautilus 文件管理器提供了直观的界面来管理文件和目录的权限。

【例 5-8】使用图形化界面方式设置文件/tmp/hello.txt 的属主为 userA、属组为 group1。

在 Nautilus 文件管理器中，右键单击文件/tmp/hello.txt，在弹出的快捷菜单中选择"属性"命令，然后在弹出的"hello.txt 属性"对话框中选择"权限"选项卡，如图 5-1 所示。其中，"所有者"表示属主，"组"表示属组。"执行"后的复选框"允许作为程序执行文件"未选中，表示所有用户对文件都不具备可执行权限。

在图 5-1 中，单击"所有者"后的下拉按钮，选择用户 userA 即可设置文件属主为 userA，单击"组"后的下拉按钮选择 group1，即可设置文件属组为 group1，如图 5-2 所示。

图 5-1 文件的访问用户　　　　　　　　　图 5-2 修改文件的访问用户

备注：在设置访问用户的时候，首先要保证系统中有相应的用户及用户组。

任务 5.3 管理文件与目录的访问权限

学习任务

通过阅读文献、查阅资料，了解与认识 Linux 文件和目录的访问权限。在 Linux 中，文件和目录的访问权限是指访问用户对该文件和目录的可读、可写及可执行权限。对于文件，可读权限表示用户可以读取文件内容；可写权限表示用户可以编辑该文件内容；可执行权限表示该文件如果是脚本等可执行文件，可以被用来执行、完成特定任务。对于目录，可读权限表示用户可以查看该目录下的文件及目录的名称，可写权限表示用户可以在目录中创建和删除文件、目录，可执行权限表示用户可以查看该目录中文件及目录的详细信息，如文件或目录的访问权限、属主、属组、文件创建时间和文件大小等信息。目录的可执行权限还可以让用户将目录切换为当前工作目录。在实际应用中，文件和目录的访问权限是可读、可写和可执行权限的组合。

（一）文件和目录的访问权限概述

文件和目录的访问权限，可通过命令行界面和图形化界面两种模式来访问和设置。在命令行界面模式下，通过命令 chmod 设置访问权限。在图形化界面模式下，右键单击文件，在弹出的快捷菜单中选择"属性"命令行，然后在弹出的对话框中选择"权限"选项卡，即可设置访问用户的访问权限。

【例 5-9】查看文件/etc/passwd 的访问用户的访问权限。

```
[root@localhost ~ ]# ls   -l   /etc/passwd
-rw-r--r--.  1   root   root   2699   3 月    1 11:08 /etc/passwd
```

在显示的信息中，文件的访问权限用 9 个字符（从左边第 2 个到第 10 个字符）来表示。9 个字符从左到右每 3 个字符一组，共 3 组。第 1 组表示文件属主的访问权限，第 2 组表示文件属组的访问权限，第 3 组表示其他用户的访问权限。每 3 个字符的第 1 个字符用 r 表示具有可读的权限，用 "-" 表示不具有可读权限。每 3 个字符的第 2 个字符用 w 表示具有可写的权限，用 "-" 表示不具有可写权限。每 3 个字符的第 3 个字符用 x 表示具有可执行权限，用 "-" 表示不具有可执行权限。

在上述例子中，显示文件/etc/passwd 的属主为 root，属组为 root，文件的访问权限字符串为 "rw-r-- r--"。属主访问权限为 "rw-"，即只有可读和可写权限。属组 root 的访问权限为 "r--"，即只有可读权限。其他用户的访问权限为 "r--"，即只有可读权限。

（二）使用命令设置文件与目录的访问权限

访问权限的命令设置有两种方法，一是字符设定法，二是数字设定法。

1. 用字符设定法设置访问用户对文件或目录的访问权限

语法如下。

```
chmod  [选项]  <模式>[,模式]  …  <文件>  …
```

常用选项如下。

-c：若该文件确实已经更改，则显示其更改动作的信息。

-R：对目录及目录下的子目录、文件进行递归设置。

-v：显示权限变更的详细资料。

-help：显示帮助信息。

模式：用户种类+操作模式+权限。

用户种类（可以组合）如下。

u：表示用户（user），即文件属主。

g：表示用户组（group），即文件属组。

o：表示其他用户（others）。

a：表示所有用户。

操作模式（只能选其一）如下。

+：表示添加某个权限。

-：表示取消某个权限。

=：表示赋予某些权限，同时取消其他权限。

权限（可以组合）如下。

r：表示可读权限。

w：表示可写权限。

x：表示可执行权限。

备注：多个模式可组合，用","分隔。

【例 5-10】增加文件/tmp/first.sh 的属主可执行权限，增加文件/tmp/file1.txt 的属组可写权限。

[root@localhost ~]# chmod   u+x   /tmp/first.sh

[root@localhost ~]# chmod   g+w   /tmp/file1.txt

"u+x"表示属主增加可执行权限，"g+w"表示属组增加可写权限。

【例 5-11】取消文件/tmp/file2.txt 其他用户的可读权限。

[root@localhost ~]# chmod   o-r   /tmp/file2.txt

"o-r"表示取消其他用户的可读权限。

【例 5-12】赋予文件/tmp/file3.txt 其他用户的可读和可写权限。

[root@localhost ~]# chmod   o=rw   /tmp/file3.txt

"o=rw"表示其他用户无论以前是什么权限，现在仅有可读和可写权限。

【例 5-13】递归设置目录/tmp/dir1 中的所有子目录及文件属主仅有可读和可写权限。

[root@localhost ~]# chmod   -R   u=rw   /tmp/dir1

递归设置目录需要使用选项"-R"。

【例 5-14】增加文件/tmp/file4.txt 及/tmp/file5.txt 属组及其他用户的可写权限。

[root@localhost ~]# chmod   g+w,o+w   /tmp/file4.txt   /tmp/file5.txt

chmod 命令允许多个模式用","分隔。chmod 命令允许设置模式同时应用于多个文件或目录，此时多个文件或目录用空格或制表符分隔。

2. 用数字设定法设置访问用户对文件或目录的访问权限

在字符设定法中，模式用 3 个数字表示就变成数字设定法。这 3 个数字依次表示属主、属组和其他用户的访问权限。

数字设定法的具体操作：0 表示没有权限，1 表示可执行权限，2 表示可写权限，4 表示可读权限。每一个用户的权限是可读、可写和可执行权限的数字之和。

【例 5-15】用数字设定法设置文件/tmp/student1.txt 仅属主有可读、可写权限。

```
[root@localhost ~ ]# chmod  600  /tmp/student1.txt
```

属主权限数字是 4（可读权限）和 2（可写权限）相加为 6，属组权限数字为 0（无任何权限），其他用户权限数字为 0（无任何权限），所以模式按照数字设定法的排列顺序是 600。

【例 5-16】用数字设定法设置文件/tmp/test.sh 的属主有可读、可写和可执行权限，属组仅有可读权限，其他用户无权限。

```
[root@localhost ~ ]# chmod  740  /tmp/test.sh
```

属主权限数字是 4（可读权限）、2（可写权限）和 1（可执行权限）相加为 7，属组权限数字为 4（可读权限），其他用户权限数字为 0（无任何权限），所以模式按照数字设定法的排列顺序是 740。

【例 5-17】用数字设定法递归设置目录/tmp/testdir 的属主和属组有可读、可写和可执行权限。

```
[root@localhost ~ ]# chmod  -R  770  /tmp/testdir
```

属主权限数字是 4（可读权限）、2（可写权限）和 1（可执行权限）相加为 7，属组权限数字为 4（可读权限）、2（可写权限）和 1（可执行权限）相加为 7，其他用户权限数字为 0（无任何权限），所以模式按照数字设定法的排列顺序是 770。

（三）使用图形化界面设置文件与目录的访问权限

【例 5-18】使用图形化界面修改文件/tmp/test.txt 的属组有可读、可写权限，其他用户无权限。

在 Nautilus 文件管理器中，右键单击/tmp/test.txt 文件，在弹出的快捷菜单中选择"属性"命令，然后在弹出的"test.txt 属性"对话框中选择"权限"选项卡，如图 5-3 所示。其中，"所有者"的访问权限为"读写"，"组"的访问权限为"只读"，"其他"的访问权限为"只读"。"执行"后的复选框"允许作为程序执行文件"未被选中，表示所有用户对文件都不具备可执行权限。

单击"组"的"访问"下拉按钮，选择"读写"选项，单击"其他"的"访问"下拉按钮，选择"无"选项，如图 5-4 所示。

图 5-3 文件默认访问权限

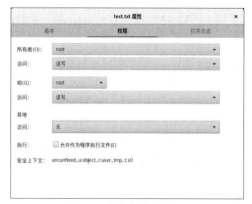

图 5-4 修改文件访问权限

任务 5.4　管理磁盘分区

学习任务

通过阅读文献、查阅资料，了解与认识 Linux 磁盘分区。硬盘等磁盘存储设备在使用之前必须划分成数块区域，每个区域都有数量不等的磁盘扇区，即拥有磁盘容量，这些区域叫作磁盘分区，也称为分区。管理磁盘分区就是管理这些区域，包括创建、删除、格式化、挂载及卸载磁盘分区等操作。

（一）创建及删除磁盘分区

1. 分区类型

分区分为 3 种类型：主分区、扩展分区和逻辑分区。

（1）主分区。

主分区也称主磁盘分区。主分区中不能再划分其他分区。一块磁盘最多划分成 4 个主分区。

（2）扩展分区。

为了在磁盘上划分更多的分区，引入了扩展分区的概念。在扩展分区中，可以划分出更多的分区。在引入扩展分区后，磁盘的主分区最多有 3 个，且扩展分区只能有 1 个。

（3）逻辑分区。

在扩展分区中可以划分出数块区域，每个区域也有数量不等的磁盘扇区，即拥有磁盘容量，这些区域被称为逻辑分区。

2. 磁盘及分区命名

Linux 系统将设备映射为文件。每个磁盘设备都有一个文件名，磁盘的每个分区也有文件名。常见的磁盘设备有 SCSI（small computer system interface，小型计算机系统接口）硬盘、IDE 接口（integrated drive electronics interface，集成驱动电接口）硬盘和 SATA（serial advanced technology attachment interface，串行先进技术总线附属接口）硬盘。设备文件名和分区文件名保存在目录/dev 中。

现在的硬盘一般采用/dev/sdx 方式命名。其中 x 表示硬盘盘号。第 1 块硬盘的硬盘盘号为 a，第 2 块硬盘的硬盘盘号为 b，以此类推。例如，文件/dev/sda 表示第 1 块硬盘，文件/dev/sdb 表示第 2 块硬盘。

对于采用/dev/sdx 方式命名的硬盘，硬盘分区采用/dev/sdxy 命名。其中，x 表示硬盘盘号，y 表示分区号码。对于主分区，分区号码为 1～4；对于逻辑分区，分区号码总是从 5 开始。例如，/dev/sda1 表示第 1 块硬盘的第 1 个主分区，/dev/sda5 表示第 1 块硬盘的第 1 个逻辑分区。

3. 使用 fdisk 命令分区

fdisk 命令是 Linux 系统中用来管理分区的命令，可执行创建、删除、显示分区等操作。语法如下。

```
fdisk [选项] [磁盘设备文件]
```

常用选项如下。

-l：显示指定磁盘的基本信息及分区信息，无磁盘设备文件则显示整个系统的磁盘分区信息。无选项表示执行创建分区和删除分区等操作。

【例 5-19】运行在 VMware 中的 Linux 系统，添加了 40GB 的 SCSI 的虚拟磁盘，试显示 Linux 系统中的磁盘分区信息。

运行 fdisk -l 命令，显示磁盘的基本信息及分区情况。

```
[root@localhost ~]# fdisk -l
Disk /dev/sda：20 GiB，21474836480 字节，41943040 个扇区
单元：扇区 / 1 * 512 = 512 字节
扇区大小(逻辑/物理)：512 字节 / 512 字节
I/O 大小(最小/最佳)：512 字节 / 512 字节
磁盘标签类型：dos
磁盘标识符：0xb0613858


设备         启动     起点       末尾       扇区       大小   Id   类型
/dev/sda1    *       2048       2099199    2097152    1G    83   Linux
/dev/sda2            2099200    41943039   39843840   19G   8e   Linux LVM



Disk /dev/sdb：40 GiB，42949672960 字节，83886080 个扇区
单元：扇区 / 1 * 512 = 512 字节
扇区大小(逻辑/物理)：512 字节 / 512 字节
I/O 大小(最小/最佳)：512 字节 / 512 字节



Disk /dev/mapper/rhel-root：17 GiB，18249416704 字节，35643392 个扇区
单元：扇区 / 1 * 512 = 512 字节
扇区大小(逻辑/物理)：512 字节 / 512 字节
I/O 大小(最小/最佳)：512 字节 / 512 字节



Disk /dev/mapper/rhel-swap：2 GiB，2147483648 字节，4194304 个扇区
单元：扇区 / 1 * 512 = 512 字节
扇区大小(逻辑/物理)：512 字节 / 512 字节
I/O 大小(最小/最佳)：512 字节 / 512 字节
```

从以上显示的信息中可以看出，新添加的磁盘名为/dev/sdb。一般来说，对于 SCSI 硬盘，第 1 块磁盘名为/dev/sda，第 2 块磁盘名为/dev/sdb。

【例 5-20】在例 5-19 基础上，在磁盘/dev/sdb 上创建 3 个主分区和 1 个扩展分区。第 1 个主分区的分区大小为 10GB，第 2 个主分区和第 3 个主分区的分区大小均为 8GB，余下磁盘空间为扩展分区。

在创建多个主分区及扩展分区时，一般是先创建主分区，再创建扩展分区。

分区操作有多个命令，这里使用 fdisk 命令进行分区。

具体操作步骤如下。

（1）执行分区命令。

运行 fdisk /dev/sdb 命令，开始分区。

```
[root@localhost ~]# fdisk /dev/sdb

欢迎使用 fdisk (util-linux 2.32.1)。
更改将停留在内存中，直到您决定将更改写入磁盘。
使用写入命令前请三思。


设备不包含可识别的分区表。
创建了一个磁盘标识符为 0xa1f75fc6 的新 DOS 磁盘标签。
```

显示的信息"设备不包含可识别的分区表。"表明这块磁盘是全新的磁盘，没有进行过分区操作。

fdisk 命令有很多子命令，可以输入 m 获取关于子命令的帮助信息。

（2）查看帮助信息。

如果对命令特别熟悉也可以跳过此步骤。在这里输入 m，显示帮助信息。

```
命令(输入 m 获取帮助): m

帮助:

  DOS (MBR)
   a   开关 可启动 标志
   b   编辑嵌套的 BSD 磁盘标签
   c   开关 dos 兼容性标志


  常规
   d   删除分区
   F   列出未分区的空闲区
   l   列出已知分区类型
   n   添加新分区
   p   输出分区表
   t   更改分区类型
   v   检查分区表
   i   输出某个分区的相关信息


  杂项
   m   输出此菜单
   u   更改 显示/记录 单位
```

```
    x    更多功能(仅限专业人员)

脚本
    I    从 sfdisk 脚本文件加载磁盘布局
    O    将磁盘布局转储为 sfdisk 脚本文件

保存并退出
    w    将分区表写入磁盘并退出
    q    退出而不保存更改

新建空磁盘标签
    g    新建一份 GPT 分区表
    G    新建一份空 GPT (IRIX)分区表
    o    新建一份的空 DOS 分区表
    s    新建一份空 Sun 分区表
```

　　上面显示的是各种操作的输入命令字符及说明。其中 n 表示添加新分区，d 表示删除分区，p 表示输出分区表，即显示分区信息，w 表示将分区表写入磁盘并退出，即保存当前的操作结果并退出分区命令。

　　（3）创建第 1 个主分区。

　　输入 n，开始创建第 1 个主分区。

```
命令(输入 m 获取帮助): n
分区类型
    p    主分区 (0 个主分区，0 个扩展分区，4 空闲)
    e    扩展分区 (逻辑分区容器)
选择 (默认 p):
```

　　这里要求选择分区类型，e 表示创建扩展分区，p 表示创建主分区。输入 p 或按 Enter 键表示选择默认值 p，创建主分区。这里输入 p，创建主分区。

```
选择 (默认 p): p
分区号 (1-4，默认   1):
```

　　这里要求输入创建主分区的分区号。输入分区号 1 或按 Enter 键，选择默认值 1，创建主分区。这里输入 1，创建第 1 个主分区。

```
分区号 (1-4，默认   1): 1
第一个扇区 (2048-83886079，默认 2048):
```

　　这里要求输入第 1 个主分区的第 1 个扇区即起始扇区号，系统默认值为 2048。输入 2048 或按 Enter 键选择默认值 2048。这里按 Enter 键选择默认值 2048。

```
第一个扇区 (2048-83886079，默认 2048):
上个扇区，+sectors 或 +size{K,M,G,T,P} (2048-83886079，默认 83886079):
```

　　这里将确定分区的大小，有两种方式进行选择。可以直接输入结束扇区号，也可以输入具体的分区大小，在分区大小后加单位，前面加"+"。单位有 KB、MB 和 GB 等。本例要求分区大小为 10GB，因此输入"+10G"后按 Enter 键，创建大小为 10GB 的主分区。

上个扇区，+sectors 或 +size{K,M,G,T,P} (2048-83886079, 默认 83886079): +10G

创建了一个新分区 1，类型为"Linux"，大小为 10 GiB。

至此，第 1 个主分区创建结束，分区大小为 10GB。

（4）创建第 2 个主分区。

输入 n，开始创建第 2 个主分区。

命令(输入 m 获取帮助): n
分区类型
    p   主分区 (1 个主分区，0 个扩展分区，3 空闲)
    e   扩展分区 (逻辑分区容器)
选择 (默认 p):

同前述，要求选择分区类型。输入 p 或按 Enter 键选择默认值 p，创建主分区。

选择 (默认 p): p
分区号 (2-4, 默认 2):

这里要求输入主分区的分区号，前面已经创建了第 1 个主分区，这里输入 2 或按 Enter 键选择默认值 2，创建第 2 个主分区。

分区号 (2-4, 默认 2): 2
第一个扇区 (20973568-83886079, 默认 20973568):

这里要求输入第 2 个主分区的第 1 个扇区即起始扇区号，分区命令经过计算，以第 1 个分区结束扇区号的下一个扇区号作为新分区的默认起始扇区号，按 Enter 键选择默认值即可。

第一个扇区 (20973568-83886079, 默认 20973568):
上个扇区，+sectors 或 +size{K,M,G,T,P} (20973568-83886079, 默认 83886079):

这里要求输入结束扇区号或分区大小，要求创建的第 2 个主分区大小为 8GB，这里输入"+8G"。

上个扇区，+sectors 或 +size{K,M,G,T,P} (20973568-83886079, 默认 83886079): +8G

创建了一个新分区 2，类型为"Linux"，大小为 8 GiB。

至此，第 2 个主分区创建结束，分区大小为 8GB。

（5）创建第 3 个主分区。

输入 n，开始创建第 3 个主分区。

命令(输入 m 获取帮助): n
分区类型
    p   主分区 (2 个主分区，0 个扩展分区，2 空闲)
    e   扩展分区 (逻辑分区容器)
选择 (默认 p):

同前述，这里要求输入分区类型，输入 p 或按 Enter 键选择默认值 p，创建第 3 个主分区。

选择 (默认 p): p
分区号 (3,4, 默认 3):

要求输入主分区的分区号，前面已经创建了 2 个主分区，这里输入 3 或按 Enter 键选择默认值 3，创建第 3 个主分区。

分区号 (3,4，默认 3): 3

第一个扇区 (37750784-83886079，默认 37750784):

这里要求输入第 3 个主分区的第 1 个扇区即起始扇区号，分区命令经过计算，以第 2 个分区结束扇区号的下一个扇区号作为新分区的默认起始扇区号，按 Enter 键选择默认值即可。

第一个扇区 (37750784-83886079，默认 37750784):

上个扇区，+sectors 或 +size{K,M,G,T,P} (37750784-83886079，默认 83886079):

这里要求输入结束扇区号或分区大小，第 3 个主分区大小为 8GB，这里输入 "+8G"。

上个扇区，+sectors 或 +size{K,M,G,T,P} (37750784-83886079，默认 83886079): +8G

创建了一个新分区 3，类型为 "Linux"，大小为 8 GiB。

至此，第 3 个主分区创建结束，分区大小为 8GB。

（6）创建扩展分区。

输入 n，开始创建扩展分区。

命令(输入 m 获取帮助): n

分区类型

    p   主分区 (3 个主分区，0 个扩展分区，1 空闲)

    e   扩展分区 (逻辑分区容器)

选择 (默认 e):

要求输入分区类型，输入 e 或按 Enter 键选择默认值 e，创建扩展分区。

选择 (默认 e): e

已选择分区 4

第一个扇区 (54528000-83886079，默认 54528000):

由于前面已经创建了 3 个主分区，扩展分区的分区号只能为 4，所以自动选择分区号为 4。

这里要求输入扩展分区的第 1 个扇区即起始扇区号，按 Enter 键选择默认值。

第一个扇区 (54528000-83886079，默认 54528000):

上个扇区，+sectors 或 +size{K,M,G,T,P} (54528000-83886079，默认 83886079):

这里要求输入扩展分区结束扇区号或分区大小，或按 Enter 键选择默认值。在有扩展分区的情况下，磁盘最多有 3 个主分区，而现在已经有 3 个主分区，如果不输入结束扇区号（选择默认值），则部分磁盘空间将不能被分区使用。这里按 Enter 键选择默认值。

上个扇区，+sectors 或 +size{K,M,G,T,P} (54528000-83886079，默认 83886079):

创建了一个新分区 4，类型为 "Extended"，大小为 14 GiB。

至此，扩展分区创建结束。

（7）显示分区信息。

创建结束后，应该检查是否创建完成所需要的分区。输入 p，显示分区信息。

命令(输入 m 获取帮助): p

Disk /dev/sdb: 40 GiB，42949672960 字节，83886080 个扇区

单元：扇区 / 1 * 512 = 512 字节

扇区大小(逻辑/物理): 512 字节 / 512 字节

I/O 大小(最小/最佳): 512 字节 / 512 字节

磁盘标签类型: dos

磁盘标识符: 0xacc1d6f7

设备	启动	起点	末尾	扇区	大小	Id	类型
/dev/sdb1		2048	20973567	20971520	10G	83	Linux
/dev/sdb2		20973568	37750783	16777216	8G	83	Linux
/dev/sdb3		37750784	54527999	16777216	8G	83	Linux
/dev/sdb4		54528000	83886079	29358080	14G	5	扩展

从显示的信息可以看到有 4 个分区, /dev/sdb1、/dev/sdb2 和/dev/sdb3 的分区 ID 为 83, 即主分区。/dev/sdb4 的分区 ID 为 5, 即扩展分区。

（8）结束创建分区。

分区创建结束, 需要输入 w, 分区命令才开始真正执行分区操作, 并把分区结果保存到分区表中, 然后退出分区命令。这里输入 w。

命令(输入 m 获取帮助): w

分区表已调整。

将调用 ioctl() 来重新读分区表。

正在同步磁盘。

至此, 3 个主分区和 1 个扩展分区已经创建完成, 返回到命令提示符状态。

在分区的过程中, 当出现 "命令(输入 m 获取帮助):" 时, 可输入 p 查看分区信息。

【例 5-21】在例 5-20 的扩展分区中建立 2 个逻辑分区, 第 1 个逻辑分区大小为 8GB, 扩展分区余下磁盘空间为第 2 个逻辑分区。

具体操作步骤如下。

（1）执行分区命令。

输入命令 fdisk /dev/sdb, 开始分区。

[root@localhost ~]# fdisk /dev/sdb

欢迎使用 fdisk (util-linux 2.32.1)。

更改将停留在内存中, 直到您决定将更改写入磁盘。

使用写入命令前请三思。

（2）创建第 1 个逻辑分区。

输入 n, 开始创建第 1 个逻辑分区。

命令(输入 m 获取帮助): n

所有主分区都在使用中。

添加逻辑分区 5

第一个扇区 (54530048-83886079, 默认 54530048):

要求输入逻辑分区的第 1 个扇区即起始扇区号, 按 Enter 键, 选择逻辑分区的起始扇区号为默认扇区号。

第一个扇区 (54530048-83886079, 默认 54530048):

上个扇区, +sectors 或 +size{K,M,G,T,P} (54530048-83886079, 默认 83886079):

要求输入逻辑分区结束扇区号或逻辑分区大小。要求第 1 个逻辑分区的大小为 8GB，因此输入 "+8G"。

上个扇区，+sectors 或 +size{K,M,G,T,P} (54530048-83886079，默认 83886079): +8G

创建了一个新分区 5，类型为 "Linux"，大小为 8 GiB。

至此，第 1 个逻辑分区创建结束，分区大小为 8GB。

（3）创建第 2 个逻辑分区。

输入 n，开始创建第 2 个逻辑分区。

命令(输入 m 获取帮助): n
所有主分区都在使用中。

添加逻辑分区 6

第一个扇区 (71309312-83886079，默认 71309312):

要求输入逻辑分区的第 1 个扇区即起始扇区号，按 Enter 键，选择逻辑分区的起始扇区号为默认扇区号。

第一个扇区 (71309312-83886079，默认 71309312):

上个扇区，+sectors 或 +size{K,M,G,T,P} (71309312-83886079，默认 83886079):

要求输入结束扇区号或逻辑分区大小。因为扩展分区只创建 2 个逻辑分区，已经创建了 1 个逻辑分区，余下磁盘空间为第 2 个逻辑分区。按 Enter 键，选择默认的结束扇区号。

上个扇区，+sectors 或 +size{K,M,G,T,P} (71309312-83886079，默认 83886079):

创建了一个新分区 6，类型为 "Linux"，大小为 6 GiB。

至此，创建第 2 个逻辑分区结束。

（4）显示分区结果。

这里输入 p，显示分区结果。

命令(输入 m 获取帮助): p
Disk /dev/sdb: 40 GiB，42949672960 字节，83886080 个扇区
单元：扇区 / 1 * 512 = 512 字节
扇区大小(逻辑/物理)：512 字节 / 512 字节
I/O 大小(最小/最佳)：512 字节 / 512 字节
磁盘标签类型：dos
磁盘标识符：0xacc1d6f7

设备	启动	起点	末尾	扇区	大小	Id	类型
/dev/sdb1		2048	20973567	20971520	10G	83	Linux
/dev/sdb2		20973568	37750783	16777216	8G	83	Linux
/dev/sdb3		37750784	54527999	16777216	8G	83	Linux
/dev/sdb4		54528000	83886079	29358080	14G	5	扩展
/dev/sdb5		54530048	71307263	16777216	8G	83	Linux
/dev/sdb6		71309312	83886079	12576768	6G	83	Linux

在以上显示的信息中，分区/dev/sdb5 和/dev/sdb6 是逻辑分区。

（5）结束创建分区。

这里输入 w，保存当前分区信息并退出分区命令。

```
命令(输入 m 获取帮助)：w
分区表已调整。

将调用 ioctl() 来重新读分区表。

正在同步磁盘。
```

至此，2 个逻辑分区创建结束，返回到命令提示符状态。

例 5-20 和例 5-21 可在对磁盘执行分区命令后同时完成。为了降低示例的复杂程度及简化操作步骤，这里对创建主分区、扩展分区和逻辑分区以 2 个示例进行讲解。

【例 5-22】删除例 5-21 中创建的第 2 个逻辑分区。

具体操作步骤如下。

（1）对指定磁盘/dev/sdb 执行分区命令。

```
[root@localhost ~]# fdisk /dev/sdb


欢迎使用 fdisk (util-linux 2.32.1)。

更改将停留在内存中，直到您决定将更改写入磁盘。

使用写入命令前请三思。
```

（2）输入 d，进入删除分区子命令。

```
命令(输入 m 获取帮助)：d
分区号 (1-6, 默认  6):
```

（3）输入要删除的分区号。输入数字 6，则删除第 6 个分区，即第 2 个逻辑分区。

```
分区号 (1-6, 默认  6): 6


分区 6 已删除。
```

（4）输入 p，显示分区信息。

```
命令(输入 m 获取帮助)：p
Disk /dev/sdb：40 GiB，42949672960 字节，83886080 个扇区
单元：扇区 / 1 * 512 = 512 字节
扇区大小(逻辑/物理)：512 字节 / 512 字节
I/O 大小(最小/最佳)：512 字节 / 512 字节
磁盘标签类型：dos
磁盘标识符：0xacc1d6f7
```

设备	启动	起点	末尾	扇区	大小	Id	类型
/dev/sdb1		2048	20973567	20971520	10G	83	Linux
/dev/sdb2		20973568	37750783	16777216	8G	83	Linux
/dev/sdb3		37750784	54527999	16777216	8G	83	Linux
/dev/sdb4		54528000	83886079	29358080	14G	5	扩展
/dev/sdb5		54530048	71307263	16777216	8G	83	Linux

在显示的分区信息中，已经没有/dev/sdb6 分区了，说明第 2 个逻辑分区已经被删除了。

（5）输入 w，保存当前分区信息并退出分区命令。

命令(输入 m 获取帮助)：w

分区表已调整。

将调用 ioctl() 来重新读分区表。

正在同步磁盘。

至此，成功删除第 2 个逻辑分区，回到命令提示符状态。

可以以此类推，删除其他逻辑分区、扩展分区以及主分区。

4. 使用图形化界面分区

使用图形化界面分区，需利用系统默认安装的"磁盘实用程序"软件工具。

【例5-23】使用图形化界面在没有进行过分区的大小为 40GB 的磁盘/dev/sdb 上创建 1 个大小为 10GB 的主分区。

具体操作步骤如下。

（1）选择待分区的磁盘。

选择主菜单"活动"→"显示应用程序"→"工具"→"磁盘"，打开"磁盘实用程序"界面。界面左侧是系统中的磁盘等设备列表，右侧是相应设备的详细信息。在界面左侧选择"43 GB 硬盘"。在界面右侧的"设备"中可以看到这个磁盘的名称是/dev/sdb，如图 5-5 所示。

"磁盘实用程序"界面也可通过在命令行终端执行命令"gnome-disks"打开。

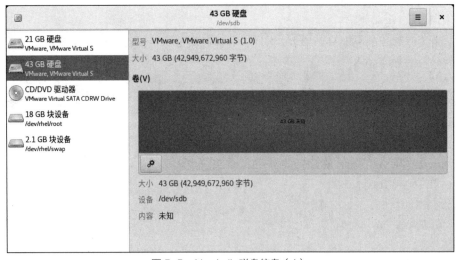

图 5-5 /dev/sdb 磁盘信息（1）

（2）对于一块全新的磁盘，首先对磁盘进行格式化操作。

在"磁盘实用程序"界面中单击标题栏右边的 ≡ 按钮，将弹出快捷菜单，在快捷菜单中选择"格式化磁盘"命令，弹出"格式化磁盘"对话框，如图 5-6 所示。单击"格式化"按钮，弹出对话框如图 5-7 所示。在图 5-7 中，单击"格式化"按钮后返回"磁盘实用程序"界面，显示/dev/sdb 磁盘信息如图 5-8 所示。

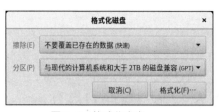

图 5-6　格式化方案

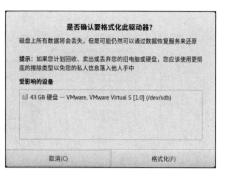

图 5-7　确认格式化

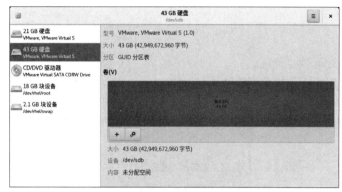

图 5-8　/dev/sdb 磁盘信息（2）

（3）在图 5-8 所示界面中单击  按钮，弹出"创建分区"对话框。图形化界面在创建分区的时候，可同时设置分区大小，默认将整个磁盘创建成一个主分区。这里设置分区大小为 10GB，如图 5-9 所示。

（4）在图 5-9 中单击"下一个"按钮，弹出"格式化卷"对话框，可设置卷名和选择分区类型。这里设置卷名为"sdb1"，分区类型为默认的文件系统"只用 Linux 系统的内部磁盘(Ext4)"，如图 5-10 所示。

图 5-9　设置分区大小

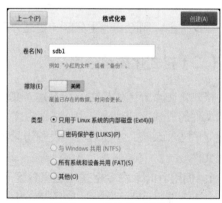

图 5-10　修改分区设置

（5）在图 5-10 中单击"创建"按钮，返回到图 5-11 所示的显示分区信息界面。在图中显示已经创建了卷名为 sdb1，大小为 10GB 的主分区。分区名即设备名/dev/sdb1，分区文件系统类型为 Ext4。

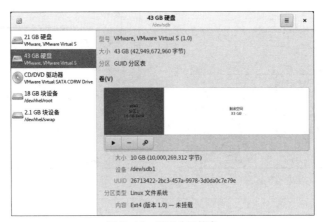

图 5-11　显示分区信息

以此类推，创建其他主分区。

【例 5-24】使用图形化界面删除例 5-23 中磁盘/dev/sdb 上的主分区/dev/sdb1。

在图 5-11 中，选中/dev/sdb1 分区，单击 ▬ 按钮，弹出对话框如图 5-12 所示。在弹出的对话框中单击"删除"按钮，将返回到图 5-8 所示的显示分区信息界面。

图 5-12　确认删除分区

以此类推，删除其他主分区、扩展分区及逻辑分区。

（二）格式化磁盘分区

格式化磁盘分区就是在分区上建立文件系统。分区上只有建立了文件系统，才能将信息数据以文件的方式存储到磁盘中，才能以文件的形式查询到存储在磁盘中的信息数据。分区上只有建立了文件系统，才能对文件设置访问用户，才能设置访问用户的访问权限，才能使用目录管理文件。

1. 使用 mkfs 命令格式化磁盘分区

基本功能：mkfs 命令可以将磁盘分区格式化成不同的文件系统。语法如下。

mkfs　[选项]　<磁盘分区>

常用选项如下。

-t　<文件系统类型>：格式化的文件系统，如 Ext2、Ext3、Ext4、XFS 及 VFAT 等，RHEL 8.1 默认为 XFS。

-c：在建立文件系统之前，检查是否有坏块。

【例 5-25】使用命令 mkfs 格式化一个全新的分区/dev/sdb1 为 Ext4 文件系统。

```
[root@localhost ~]# mkfs -t ext4 /dev/sdb1
mke2fs 1.44.6 (5-Mar-2019)
创建含有 2621440 个块（每块 4k）和 655360 个 inode 的文件系统
文件系统 UUID：e1a27b81-87b4-4466-8381-fdd98aeb43a7
超级块的备份存储于下列块：
        32768, 98304, 163840, 229376, 294912, 819200, 884736, 1605632

正在分配组表：完成
正在写入 inode 表：完成
创建日志（16384 个块）完成
写入超级块和文件系统用户账户统计信息：已完成
```

在格式化/dev/sdb1 分区为 Ext4 文件系统时，还有一个更加简洁的命令 mkfs.ext4，使用方法如下。

```
[root@localhost ~ ]# mkfs.ext4   /dev/sdb1
```

另外还有几个类似的命令，如 mkfs.ext2、mkfs.ext3 和 mkfs.xfs 命令可以分别将磁盘分区格式化为 Ext2、Ext3 和 XFS。

2. 使用图形化界面格式化磁盘分区

当需要对分区进行格式化时，也可通过"磁盘实用程序"这个图形化的软件工具来完成。

【例 5-26】使用图形化界面将例 5-25 中的分区/dev/sdb1 重新格式化成 XFS。

（1）在图 5-11 中，选中需要重新格式化的分区/dev/sdb1，单击按钮 ，弹出快捷菜单，在快捷菜单中选择"格式化分区"命令，弹出"格式化卷"对话框，如图 5-13 所示。在该对话框中可设置卷名和选择分区文件系统类型。在这里设置卷名为"sdb1"，在"类型"中选择"其他"，然后单击"下一个"按钮，将弹出"自定义格式"对话框，如图 5-14 所示。

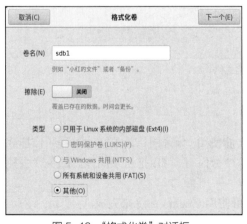

图 5-13 "格式化卷"对话框

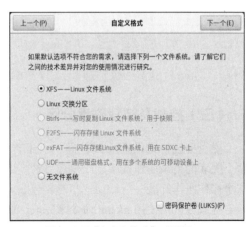

图 5-14 "自定义格式"对话框

（2）在图 5-14 中，单选按钮"XFS--Linux 文件系统"被选中，表示文件系统类型为 XFS。单击"下一个"按钮，将弹出"确认细节"对话框，如图 5-15 所示。

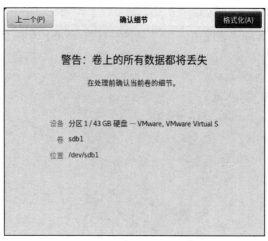

图 5-15 "确认细节"对话框

（3）在图 5-15 中，单击"格式化"按钮，将返回到显示分区信息界面，如图 5-16 所示。从图中可以看到，分区/dev/sdb1 已经被格式化为 XFS。

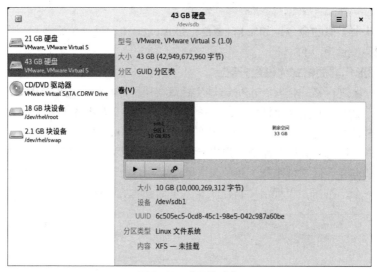

图 5-16 分区格式化

（三）挂载及卸载磁盘分区

磁盘分区格式化后，必须与某一个目录关联后才能使用。分区同目录关联的过程叫作挂载，这个关联的目录叫作挂载点或挂载目录。当不使用这个分区时，可以把目录同分区的关联去掉，这个操作叫作卸载。

挂载分区可使用 mount 命令来完成，卸载分区可使用 umount 命令来完成。

1. 使用 mount 命令挂载分区

基本功能：查看分区挂载情况或将格式化后的分区挂载到目录。语法如下。

```
mount  [选项]  [磁盘分区]  [目录]
```

常用选项如下。

-a：加载/etc/fstab 中的所有文件系统。

-r/w：r 表示以只读方式挂载分区，w 表示以读写方式挂载分区，默认值为 w。

-t <文件系统类型>：文件系统类型有 Ext2、Ext3、Ext4 及 XFS 等，无此项将自动识别。

备注：如果不带任何选项，则查看磁盘分区挂载情况。

【例 5-27】使用命令将格式化后的分区/dev/sdb1 挂载到目录/mnt/sdb1 中。

```
[root@localhost ~ ]# mount    /dev/sdb1    /mnt/sdb1
```

备注：使用这个命令前，要确保分区和目录都存在。

2. 使用 umount 命令卸载分区

基本功能：将磁盘分区卸载，即不与目录关联。语法如下。

```
umount    [选项]    [挂载目录或磁盘分区]
```

常用选项如下。

-a：卸载/etc/fstab 中的所有文件系统。

-f：强制卸载。

【例 5-28】使用命令卸载挂载到目录/mnt/sdb1 的分区/dev/sdb1。

方法 1：

```
[root@localhost ~ ]#umount    /dev/sdb1
```

方法 2：

```
[root@localhost ~ ]#umount    /mnt/sdb1
```

3. 使用图形化界面挂载及卸载磁盘分区

【例 5-29】在图形化界面中挂载例 5-26 中格式化为 XFS 后的分区/dev/sdb1。

首先使用"磁盘实用程序"打开如图 5-16 所示的显示分区信息界面，选中分区/dev/sdb1，在界面中单击 ▶ 按钮，则/dev/sdb1 分区将自动进行挂载，挂载的目录为/run/media/root/sdb1，如图 5-17 所示。此挂载目录为自动设置，也可以手动设置挂载目录。单击 🔧 按钮将弹出快捷菜单，在快捷菜单中选择"编辑挂载选项"命令，然后在弹出的"挂载选项"对话框中，设置挂载目录即可。

图 5-17　磁盘信息

【例 5-30】在图形化界面中卸载例 5-29 挂载的分区/dev/sdb1。

在图 5-17 中，选中磁盘分区/dev/sdb1，单击按钮 ▪ 即可完成卸载，返回图 5-16 所示界面。从图 5-16 中可以看到，分区/dev/sdb1 不与任何目录关联。

任务 5.5　管理磁盘配额

学习任务

通过阅读文献、查阅资料，了解与认识 Linux 磁盘配额。Linux 系统可供多个用户同时登录使用，多个用户会同时使用系统的磁盘存储空间。如果有一个或多个用户使用了大量的磁盘空间或创建了大量的文件，可能会导致磁盘空间用尽，从而影响系统的正常运行及其他用户的正常使用，因此有必要限制用户使用磁盘空间的大小和文件数量的多少。

（一）磁盘配额概述

Linux 文件系统采用 Ext2、Ext3 或 Ext4，用户的磁盘配额是设置用户使用磁盘空间的大小和文件数量的多少，用户组的磁盘配额是设置用户组中各个用户使用的磁盘空间和文件数量的总和。Linux 文件系统采用 XFS，不但可以设置用户和用户组的磁盘配额，还可以设置目录的磁盘配额，即设置目录中使用磁盘空间和文件数量的总和。

（二）设置磁盘配额

Linux 系统磁盘配额的设置需要经过如下几个步骤。

1. 挂载分区

（1）/etc/fstab 文件简介。

文件/etc/fstab 描述系统中各种文件系统的信息，每个文件系统占用一行，每行 6 列，用空格或制表符分隔。系统启动的时候，根据该文件中关于文件系统的信息，指定的文件系统将按照要求被挂载到指定的目录。

第 1 列是要挂载的文件系统的设备（device）名称，或实际分区的卷标（label），或 UUID（universally unique identifier，通用唯一标识符），或远程的文件系统。这里的设备名称可以是各个分区名。

第 2 列是挂载点（mount point）。挂载点是文件系统的挂载目录，从这个目录可以访问挂载的文件系统。

第 3 列是文件系统（file system）类型。文件系统类型包括 Ext2、Ext3、Ext4、NFS、NTFS、ISO9660 等，也可以使用自动检测文件系统的类型。

第 4 列是挂载的选项（options），用于设置挂载的参数，各个参数用逗号分隔。常见参数如下。

auto/noauto：auto 表示自动挂载，noauto 表示手动挂载。

ro/rw：ro 表示以只读权限挂载，rw 表示以可读和可写权限挂载。

exec / noexec：exec 表示允许执行程序，noexec 表示不允许执行程序。

sync / async：sync 表示输入输出同步完成，async 表示输入输出异步完成。

user/nouser：user 表示任何用户都可以挂载，nouser 表示根用户才能挂载。

usrquota：表示支持用户的磁盘配额。

grpquota：表示支持用户组的磁盘配额。

prjquota：表示支持目录的磁盘配额。此参数仅在 XFS 中有效。

defaults：表示 rw、exec、auto、nouser、async 等参数。

第 5 列是转储（dump）备份设置。当其值为 1 时，将允许转储备份程序每天备份；其值为 0 时，忽略备份操作。

第 6 列是系统开机时 fsck 检查文件系统的次序。当其值为 0 时，永远不检查；当为其他数字时，按照 1、2、3……的顺序依次检查。根目录分区设置为 1。

（2）编辑分区挂载信息。

默认情况下，在文件/etc/fstab 中，各文件系统都没有支持用户、用户组及目录的磁盘配额参数。给指定文件系统增加磁盘配额参数，就是在/etc/fstab 文件中相应文件系统信息行的第 4 列增加用户的磁盘配额参数 usrquota、用户组的磁盘配额参数 grpquota 或目录的磁盘配额参数 prjquota。

（3）执行挂载命令。

如果分区没有挂载，在/etc/fstab 文件中添加分区的挂载信息后，则需要挂载分区，语法如下。

```
mount 挂载目录或分区
```

此时也可自动挂载分区，命令如下。

```
mount    -a
```

如果分区已经挂载，在文件/etc/fstab 中修改分区的挂载信息后，可先卸载该分区，然后挂载分区。

分区如果没有挂载，且分区挂载信息没有写入文件/etc/fstab，直接执行挂载命令也是可行的。直接执行挂载命令格式如下。

```
mount   -o   usrquota,grpquota   分区   挂载目录
```

使用挂载命令直接挂载分区到挂载目录，当重启系统后，分区不会自动挂载。

【例 5-31】分区/dev/sdb1 的文件系统类型为 Ext4，在文件/etc/fstab 中设置该分区的挂载目录为/dev/sdb1，并添加用户及用户组的磁盘配额参数，最后挂载该分区。

使用 Vi 编辑器打开文件/etc/fstab，在文件的最后一行添加分区/dev/sdb1 的挂载目录、文件系统类型、用户及用户组的磁盘配额参数等信息。查看文件/etc/fstab 的添加结果，如下。

```
[root@localhost ~]# vi /etc/fstab


#
# /etc/fstab
# Created by anaconda on Thu Feb 23 00:23:46 2023
#
# Accessible filesystems, by reference, are maintained under '/dev/disk/'.
# See man pages fstab(5), findfs(8), mount(8) and/or blkid(8) for more info.
```

```
#
# After editing this file, run 'systemctl daemon-reload' to update systemd
# units generated from this file.
#
/dev/mapper/rhel-root                          /        xfs    defaults                   0 0
UUID=02507cd3-16c9-48c4-abbf-f0a126656f44    /boot    xfs    defaults                   0 0
/dev/mapper/rhel-swap                          swap     swap   defaults                   0 0
/dev/sdb1                                      /mnt/sdb1 ext4  defaults,usrquota,grpquota 0 0
```

修改文件/etc/fstab，执行挂载命令如下。

```
[root@localhost ~ ]# mount  /dev/sdb1
```

此时也可执行自动挂载命令，如下。

```
[root@localhost ~ ]# mount  -a
```

2. 创建磁盘配额限制文件

Ext2、Ext3 和 Ext4 文件系统使用命令 quotacheck 来创建磁盘配额限制文件，创建的文件也称为磁盘配额信息文件或磁盘配额数据库文件。文件中保存了用户及用户组的磁盘配额设置、磁盘空间及文件数量的使用情况等信息。语法如下。

```
quotacheck   [选项]   挂载目录/分区
```

常用选项如下。

-a：扫描所有支持磁盘配额的分区。

-u：建立用户磁盘配额限制文件 aquota.user。

-g：建立用户组磁盘配额限制文件 aquota.group。

-f：强制扫描文件系统，并写入新的磁盘配额文件。

备注：XFS 不用执行 quotacheck 命令就可以创建磁盘配额限制文件。

【例 5-32】分区/dev/sdb1 的文件系统类型为 Ext4，已挂载到目录/mnt/sdb1 中，已经添加用户及用户组磁盘配额参数，试创建用户及用户组的磁盘配额限制文件。

```
[root@localhost ~ ]# quotacheck  -ug  /mnt/sdb1
```

检查是否生成了用户及用户组磁盘配额限制文件，命令如下。

```
[root@localhost ~]# ls  /mnt/sdb1
aquota.group   aquota.user   lost+found
```

其中 aquota.user 是用户磁盘配额限制文件，aquota.group 是用户组磁盘配额限制文件。

3. 设置磁盘配额

Linux 中，磁盘配额设置包括用户、用户组和目录的磁盘配额的软性限制、硬性限制。

软性限制是指用户、用户组和目录可以使用超过限制的磁盘空间或文件数量，但会收到警告信息。硬性限制是指用户、用户组和目录无法使用超过限制的磁盘空间或文件数量。宽限时间是指用户、用户组和目录使用超过限制的磁盘空间或文件数量时开始计时的时间。一旦计时超过宽限时间，软性限制就变成硬性限制。

在 Ext2、Ext3、Ext4 和 XFS 等文件系统中，磁盘配额通过 edquota 或 setquota 命令进行设置。在 XFS 中，磁盘配额还可通过 xfs_quota 命令进行设置。

（1）edquota 命令的使用。语法如下。

```
edquota   [选项]
```

常用选项如下。

-u <用户名>：指定用户。

-g <用户组>：指定用户组。

-t：指定宽限时间。

（2）setquota 命令的使用。语法如下。

setquota [选项] 软性限制块数 硬性限制块数 软性限制文件数量 硬性限制文件数量 挂载目录/分区

常用选项如下。

-u <用户名>：指定用户。

-g <用户组>：指定用户组。

备注：软性限制块数和硬性限制块数单位默认为 KB。

（3）xfs_quota 命令的使用。语法如下。

xfs_quota -x -c 'limit [配额] [选项]' 挂载目录或分区

常用配额如下。

bsoft=N：磁盘空间软性限制为 N，单位可为 KB、MB、GB 等。默认单位是 KB。

bhard=N：磁盘空间硬性限制为 N，单位可为 KB、MB、GB 等。默认单位是 KB。

isoft=N：文件数量软性限制为 N。

ihard=N：文件数量硬性限制为 N。

常用选项如下。

-u <用户名>：指定用户。

-g <用户组>：指定用户组。

【例 5-33】分区/dev/sdb1 的文件系统类型为 Ext4，已挂载到目录/mnt/sdb1 中，使用 setquota 命令设置用户 userA 在该挂载目录中的磁盘配额，磁盘空间软性限制为 10MB、硬性限制为 100MB，文件数量软性限制为 2 个、硬性限制为 4 个。

[root@localhost ~]# setquota -u userA 10240 102400 2 4 /mnt/sdb1

【例 5-34】分区/dev/sdb1 的文件系统类型为 Ext4，已挂载到目录/mnt/sdb1 中，使用 setquota 命令设置用户组 group1 在挂载目录中的磁盘配额，磁盘空间软性限制为 50MB、硬性限制为 100MB，文件数量软性限制为 10 个、硬性限制为 20 个。

[root@localhost ~]# setquota -g group1 51200 102400 10 20 /mnt/sdb1

【例 5-35】分区/dev/sdb1 的文件系统类型为 Ext4，已挂载目录/mnt/sdb1 中，使用 edquota 命令设置用户 userB 在挂载目录中的磁盘配额，磁盘空间软性限制为 10MB、硬性限制为 100MB，文件数量软性限制为 2 个、硬性限制为 4 个。

[root@localhost ~]# edquota -u userB

该命令打开了 Vi 编辑器，修改如下。

Disk quotas for user userB (uid 1002):						
Filesystem	blocks	soft	hard	inodes	soft	hard
/dev/sdb1	0	10240	102400	0	2	4

最后在插入模式下执行命令 wq 完成保存和退出。

【例 5-36】分区/dev/sdb1 的文件系统类型为 XFS，已挂载到目录/mnt/sdb1 中，使用 xfs_quota 命令设置用户 userC 在挂载目录中的磁盘配额，磁盘空间软性限制为 10MB、硬性限制为 100MB，文件数量软性限制为 2 个、硬性限制为 4 个。

```
[root@localhost ~]# xfs_quota -x   -c 'limit   bsoft=10M bhard=100M isoft=2 ihard=4 -u userC'   /mnt/sdb1
```

对于 XFS，也可使用命令 setquota 或 edquota 来设置磁盘配额。

4. 启用磁盘配额功能

Ext2、Ext3 和 Ext4 文件系统使用 quotaon 命令启用磁盘配额功能。语法如下。

```
quotaon   [选项]   [分区或挂载目录]
```

常用选项如下。

-u：开启用户磁盘配额。

-g：开启用户组磁盘配额。

-a：开启在文件/etc/fstab 中具有磁盘配额参数的分区，不需要指定分区或目录。

备注：XFS 不需要执行此命令就可以启动磁盘配额功能。

【例 5-37】分区/dev/sdb1 的文件系统类型为 Ext4，已挂载到目录/mnt/sdb1 中，试启用挂载目录的用户及用户组磁盘配额功能。

```
[root@localhost ~ ]# quotaon   -ug   /mnt/sdb1
```

在上面的命令中，挂载目录/mnt/sdb1 也可以用分区/dev/sdb1 代替。

5. 关闭磁盘配额功能

Ext2、Ext3 和 Ext4 文件系统使用 quotaoff 命令关闭磁盘配额功能。语法如下。

```
quotaoff   [选项]   [目标分区或挂载目录]
```

常用选项如下。

-u：关闭用户磁盘配额。

-g：关闭用户组磁盘配额。

-a：关闭在文件/etc/fstab 中具有磁盘配额参数的分区，不需要指定分区或目录。

【例 5-38】分区/dev/sdb1 的文件系统类型为 Ext4，已挂载到目录/mnt/sdb1 中，试关闭挂载目录的用户及用户组磁盘配额功能。

```
[root@localhost ~ ]# quotaoff   -ug   /mnt/sdb1
```

（三）测试磁盘配额

1. 测试磁盘配额使用情况方法

测试磁盘配额可通过以下方法进行。

第一种方法是用该用户登录系统，然后通过网络、移动硬盘、U 盘等方式向计算机复制文件，再检验磁盘配额的使用情况。

第二种方法是用 dd 等命令创建指定大小的 1 个或多个文件，然后检查磁盘配额的使用情况。

2. 查看磁盘配额的使用情况

（1）root 用户可使用 repquota 命令查看磁盘配额的使用情况，该命令可查看目标分区或目录中用户、用户组的磁盘配额设置及使用情况。语法如下。

```
repquota   [选项]   [挂载目录/分区]
```

常用选项如下。

-a：在文件/etc/fstab 中具有磁盘配额参数的分区的磁盘配额使用情况。

-u：用户的磁盘配额使用情况。

-g：用户组的磁盘配额使用情况。

-s：以易读格式显示磁盘配额的摘要信息。

（2）root 用户和普通用户还可以使用 quota 命令查看磁盘配额使用情况。语法如下。

```
quota  [选项]
```

常用选项如下。

-u   user：指定用户，默认为当前用户。

-g   group：指定用户组。

-s：以易读格式显示磁盘配额的摘要信息。

（3）XFS 可以使用 xfs_quota 命令查看磁盘配额使用情况。语法如下。

```
xfs_quota  -x  -c  'report  [选项]'  挂载目录/分区
```

常用选项如下。

-u：指定用户。

-g：指定用户组。

-i：inode 的限制数量，即文件数量。

-b：block 的限制大小，即磁盘空间大小。

-h：以易读格式显示。

【例 5-39】在例 5-33 的基础上，用户 userA 登录后在目录/mnt/sdb1 中创建一个 5MB 的文件，试检查/mnt/sdb1 磁盘配额使用情况。

方案分析：先切换到 userA 用户，以 userA 创建文件，然后使用 quota 命令检查磁盘配额使用情况，再切换到 root 用户使用 repquota 或 quota 命令检查磁盘配额使用情况。用 userA 用户在/mnt/sdb1 上创建文件的时候，要注意 userA 用户是否有在该目录上的可写权限。

具体操作步骤如下。

（1）设置用户 userA 在目录/mnt/sdb1 中有可写权限。

```
[root@localhost ~ ]# chmod   o+w   /mnt/sdb1
```

用户 userA 对挂载目录/mnt/sdb1 默认只有可读和可执行权限，不能创建文件。此时没有对目录进行递归设置，故没有使用选项"-R"。

（2）切换到用户 userA，并创建一个大小为 5MB 的文件。

```
[root@localhost ~]# su - userA
[userA@localhost ~]$ dd if=/dev/zero of=/mnt/sdb1/userA bs=1M count=5
记录了 5+0 的读入
记录了 5+0 的写出
5242880 bytes (5.2 MB, 5.0 MiB) copied, 0.00879856 s, 596 MB/s
```

这里用命令 "dd   if=/dev/zero   of=/mnt/sdb1/userA   bs=1M   count=5" 创建一个大小为 5MB 的文件/mnt/sdb1/userA。

（3）检查用户 userA 的磁盘配额使用情况。

```
[userA@localhost ~ ]$ quota
Disk quotas for user userA (uid 1001):
```

Filesystem	blocks	quota	limit	grace	files	quota	limit	grace
/dev/sdb1	5120	10240	102400		1	2	4	

普通用户只能使用命令 quota 来查看磁盘配额使用情况。在显示的信息中，5120 表示已经使用的磁盘空间为 5MB，10240 和 102400 分别表示磁盘空间软性限制为 10MB、硬性限制为 100MB，1 表示已经使用 1 个文件，2 和 4 分别表示文件数量软性限制为 2 个、硬性限制为 4 个。

（4）切换到 root 用户，检查用户 userA 的磁盘配额使用情况。

用户 root 使用命令 repquota 查看磁盘配额使用情况，如下。

```
[userA@localhost ~ ]$ exit

logout

[root@localhost ~ ]# repquota  -u  /mnt/sdb1

*** Report for user quotas on device /dev/sdb1

Block  grace  time:  7days;  Inode  grace  time:  7days
                              Block    limits              File limits
User          used      soft      hard grace      used  soft hard  grace
_____

root      --    20        0         0              2     0    0

userA     --  5120    10240    102400              1     2    4
```

显示的结果同普通用户查询的结果一样。

root 用户使用命令 quota 查看磁盘配额使用情况，如下。

```
[root@localhost ~ ]# quota -u userA

Disk quotas for user userA (uid 1001):
      Filesystem blocks    quota      limit   grace   files   quota   limit   grace
      /dev/sdb1    5120    10240    102400                       1       2       4
```

显示的结果同普通用户查询的结果一样。

【例 5-40】测试例 5-39 中用户 userA 使用的磁盘空间能否超过软性限制 10MB。

```
[root@localhost ~]# su - userA

[userA@localhost ~]$ dd if=/dev/zero of=/mnt/sdb1/userA bs=1M count=11

sdb1: warning, user block quota exceeded.

记录了 11+0 的读入

记录了 11+0 的写出

11534336 bytes (12 MB, 11 MiB) copied, 0.0597742 s, 193 MB/s
```

显示的结果表明创建了一个大于 10MB 的文件，"warning" 表明有警告信息产生。

检查当前的磁盘配额使用情况，如下。

```
[userA@localhost ~]$ quota

Disk quotas for user userA (uid 1001):
      Filesystem blocks    quota      limit    grace   files   quota   limit   grace
      /dev/sdb1  11264*    10240    102400    6days       1       2       4
```

用户 userA 磁盘空间软性限制设置值为 10MB，此处生成一个大小为 11MB 的文件来进行测试。测试结果表明成功创建了一个大于 10MB 的文件，说明用户 userA 使用的磁盘空间可以超过软性限制。

【例 5-41】 测试例 5-39 中用户 userA 使用的磁盘空间能否超过硬性限制 100MB。

```
[userA@localhost ~]$ dd if=/dev/zero of=/mnt/sdb1/userA bs=1M count=101
sdb1: warning, user block quota exceeded.
sdb1: write failed, user block limit reached.
dd: 写入'/mnt/sdb1/userA' 出错: 超出磁盘限额
记录了 101+0 的读入
记录了 100+0 的写出
104857600 bytes (105 MB, 100 MiB) copied, 0.684323 s, 153 MB/s
```

以上显示的信息中,"超出磁盘限额"表明创建大于 100MB 的文件失败,即磁盘空间不能超过硬性限制。

检查当前的磁盘配额使用情况,如下。

```
[userA@localhost ~]$ quota
Disk quotas for user userA (uid 1001):
      Filesystem   blocks    quota     limit    grace    files    quota    limit    grace
      /dev/sdb1    102400*   10240    102400    6days      1        2        4
```

显示的结果表明,用户 userA 磁盘存储空间的使用已经达到磁盘配额空间的硬性限制。

【例 5-42】 在例 5-36 的基础上,试查看挂载目录/mnt/sdb1 中用户磁盘配额使用情况。

```
[root@localhost ~]# xfs_quota -x -c 'report -ubih'   /mnt/sdb1
User quota on /mnt/sdb1 (/dev/sdb1)
```

User ID	Blocks				Inodes			
	Used	Soft	Hard	Warn/Grace	Used	Soft	Hard	Warn/Grace
root	0	0	0	00 [------]	3	0	0	00 [------]
userC	0	10M	100M	00 [------]	0	2	4	00 [------]

显示的结果表明,用户 userC 的磁盘空间软性限制为 10MB,硬性限制为 100MB,文件数量软性限制为 2 个,硬性限制为 4 个,且该用户没有使用任何磁盘空间,也没有创建任何文件。

本例也可使用命令 quota 或 repquota 来查看用户的磁盘配额使用情况。

本例也可在用户 userC 使用磁盘空间及创建文件后,再用上述命令查看用户的磁盘配额使用情况。

项目小结

(1)Linux 中的目录是一种树形结构,根目录为"/",根目录下有默认的子目录。

(2)Linux 中的文件及目录的访问用户分为 3 类:属主、属组和其他用户。每类用户都可单独设置其对文件或目录的可读、可写及可执行权限。改变属主及属组可使用 chown 命令,改变属组还可使用 chgrp 命令,改变访问权限使用 chmod 命令。

(3)磁盘需要先分区,然后对分区进行格式化、挂载之后才能使用。fdisk 命令用来创建分区和删除分区,mkfs 命令用来格式化分区,mount 命令用来挂载分区,umount 命令用来卸载分区。

（4）Linux 是多用户可同时登录使用的操作系统，设置磁盘配额非常重要。Ext2、Ext3 和 Ext4 文件系统使用 setquota 和 edquota 命令设置磁盘配额，XFS 使用 xfs_quota 命令设置磁盘配额。

项目实训　文件系统及磁盘管理综合实训

1. 实训目的
（1）掌握属主及属组的设置方法。
（2）掌握创建分区、删除分区、格式化分区、挂载分区和卸载分区的方法。
（3）掌握设置用户及用户组磁盘配额的方法。
（4）掌握检查磁盘配额使用情况的方法。

2. 实训内容
（1）为本班同学分别创建用户账号，为本班创建一个用户组，将本班同学用户账号加入这个用户组中。
（2）创建目录/students，仅允许本班同学用户账号组成的用户组有可读、可写及可执行权限。
（3）添加大小为 40GB 的磁盘，将整个磁盘空间创建为 1 个主分区，并格式化为 Ext4 文件系统，挂载到目录/students 中，同时设置参数允许用户及用户组的磁盘配额功能。
（4）为本班同学用户账号、由本班同学用户账号组成的用户组在目录/students 中设置磁盘配额：本班同学用户账号使用磁盘空间的硬性限制为 500MB，本班同学用户账号组成的用户组使用磁盘空间的硬性限制为 20GB。
（5）检查本班同学用户账号及本班同学用户账号组成的用户组的磁盘配额使用情况。

综合练习

1. 选择题
（1）一个文件的权限是"rw-r-- r--"，表示文件的属组具有的权限为（　　　）。
  A. 可读   B. 可写   C. 可读和可写 D. 可执行
（2）修改文件/test.txt 的属主为 userA，其命令是（　　　）。
  A. chown userA /test.txt   B. chown /test.txt userA
  C. chgrp userA /test.txt   D. chgrp /test.txt userA
（3）修改文件/test.txt 的属组为 group1，其命令是（　　　）。
  A. chown group1 /test.txt   B. chown /test.txt group1
  C. chgrp group1 /test.txt   D. chgrp /test.txt group1
（4）分区（　　　）是逻辑分区的命名。
  A. /dev/sdb1 B. /dev/sdb2 C. /dev/sdb3 D. /dev/sdb5
（5）下列命令中，可以用来进行分区的命令是（　　　）。
  A. fdisk   B. setquota C. format   D. mkfs.ext2
（6）挂载分区/dev/sdb1 到目录/sdb1 的命令是（　　　）。
  A. mount /sdb1 /dev/sdb1   B. mount /dev/sdb1 /sdb1
  C. umount /sdb1 /dev/sdb1   D. umount /dev/sdb1 /sdb1

（7）将分区/dev/sdb1 挂载到目录/mnt/sdb1，设置用户 userA 的磁盘配额，要求磁盘空间软性限制为 100MB、硬性限制为 200MB，文件数量软性限制为 100 个、硬性限制为 200 个，则正确的命令是（　　）。

    A．setquota　-u　userA　102400　204800　100　200　/mnt /sdb1

    B．edquota　-u　userA　102400　204800　100　200　/mnt /sdb1

    C．setquota　-u　userA　100　200　102400　204800　/mnt /sdb1

    D．edquota　-u　userA　100　200　102400　204800　/mnt /sdb1

（8）文件权限的数字设定法中，740 表示（　　）。

    A．属主具有可读、可写和可执行权限，属组和其他用户无权限

    B．属主无权限，属组和其他用户具有可读、可写和可执行权限

    C．属组无权限，属主和其他用户具有可读、可写和可执行权限

    D．属主具有可读、可写和可执行权限，属组具有可读权限，其他用户无权限

（9）Linux 系统应用程序的配置文件一般在（　　）目录中。

    A．/bin   B．/root   C．/boot   D．/etc

（10）设置文件/test.txt 的访问权限，要求只有属主具有可读、可写和可执行权限，则下列（　　）是正确的命令。

    A．chmod　　u=rwx,go=- /test.txt   B．chmod　　g=rwx,uo=-- /test.txt

    C．chmod　　o=rwx,ug=- /test.txt   D．chmod　　a=rwx,ugo=- /test.txt

2．填空题

（1）改变文件属主的命令是_____，改变文件属组的命令是_____和_____。

（2）改变文件访问权限的命令是_____。

（3）在一块磁盘中，最多可以创建_____个主分区。

3．判断题

（1）Linux 中文件属主一定要在属组中。（　　　）

（2）root 用户可以访问系统中任何文件，而不管这个文件的权限是如何设置的。（　　　）

（3）fdisk 命令可以用来创建主分区、扩展分区和逻辑分区。（　　　）

（4）逻辑分区从 5 开始编号。（　　　）

（5）磁盘配额可以对用户组进行设置。（　　　）

4．简答题

（1）简述什么是磁盘配额。

（2）简述什么是文件系统。

项目 **06**

系统与进程管理

【项目导入】

本项目介绍 Linux 操作系统的启动过程、进程管理的概念及分类、用命令进行进程管理和在图形化界面中进行进程管理、进程调度及服务管理。

进程管理是操作系统中一个重要的任务，涉及创建、终止和调度进程。在 Linux 系统中，一个进程代表一个正在运行的程序。每个进程都有自己的 PID（进程标识符，process identifier），并有自己的独立内存空间、执行上下文和资源。

【项目要点】

① Linux 操作系统的启动过程。
② Linux 操作系统的进程管理与监控。
③ Linux 操作系统的进程调度。
④ Linux 操作系统的服务管理。

【素养提升】

Linux 操作系统内核是服务端学习的根基，也是提高编程能力、源码阅读能力和进阶知识学习能力的必经之路，理解 Linux 中的系统与进程对深入学习 Linux 操作系统具有极大的帮助。

任务 6.1　Linux 系统启动过程管理

学习任务

通过阅读文献、查阅资料，了解与认识 Linux 系统启动过程。在 Linux 系统启动引导过程中，Linux 的内核代码被解压至内存中，但是 Linux 启动还需要做一些准备工作，Linux 启动内核大部分是用 C 语言编写的，所以需要在启动前对 CPU 的栈寄存器等进行设置，让 C 语言代码正常运行。

（一）Linux 系统启动过程概述

Linux 系统在开机后要经历以下步骤才能完成整个启动的过程：BIOS 自检、系统引导、内核引导和启动以及系统初始化。整个过程如图 6-1 所示。

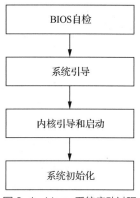

图 6-1　Linux 系统启动过程

下面分别介绍这 4 个过程。

1. BIOS 自检

BIOS（ basic input/output system，基本输入输出系统），可以视为永久记录在 ROM（ read-only memory，只读存储器）中的一个软件，是操作系统输入输出管理系统的一部分。早期的 BIOS 芯片确实是"只读"的，里面的内容是用烧录器写入的，一旦写入就不能更改，除非更换芯片。现在的主板都使用一种叫 flash EPROM（ flash erasable programmable read-only memory，快可擦编程只读存储器）的芯片来存储 BIOS，里面的内容可通过使用主板厂商提供的擦写程序擦除后重新写入，这样就给用户升级 BIOS 提供了极大的方便。

BIOS 有两部分功能：POST 和 Runtime 服务，对应两个阶段。POST 阶段完成后将从存储器中被清除，而 Runtime 服务会被一直保留，用于目标操作系统的启动。BIOS 两个阶段的详细工作如下。

（1）POST（ power-on self test，通电自检），主要负责检测系统外围关键设备是否正常。例如，最常见的内存松动的情况，在 BIOS 自检阶段会报错，系统就无法启动。

（2）POST 成功后，便会执行一小段程序来枚举本地设备并将其初始化。这一步主要是根据在 BIOS 中设置的系统启动顺序来搜索用于启动系统的驱动器，如硬盘、光盘、U 盘和网络等。以硬盘启动为例，BIOS 会去读取硬盘驱动器的第一个扇区（MBR，512B），然后执行里面的代码。实际上 BIOS 并不关心驱动器第一个扇区中有什么内容，它只负责读取该扇区内容并执行。

至此，BIOS 的任务就完成了，此后系统启动的控制权移交到 MBR 部分的代码。

2. 系统引导

（1）MBR。

MBR（master boot record，主引导记录）存储于磁盘的头部，大小为 512 B。MBR 由 3 部分组成，分别为主引导程序、硬盘分区表和硬盘有效标志。其中，446 B 用于存储主引导程序，64 B 用于存储硬盘分区表信息，最后 2 B 用于 MBR 的硬盘有效性检查。

（2）GRUB。

GRUB（grand unified bootloader，多系统启动程序），一般位于/boot/grub 中。其执行过程可分为 3 个步骤。

① 查找并加载第二段主引导程序，但系统在没启动时，MBR 找不到文件系统，也就找不到第二段主引导程序所存放的位置，因此转入下一步。

② 识别文件系统，从而知道主引导程序的位置。

③ GRUB 会根据/boot/grub/grub.conf 文件查找内核的信息，然后加载内核程序，当内核程序被检测并加载到内存中时，GRUB 就将控制权交接给内核程序。

3. 内核引导和启动

内核是 Linux 系统最主要的程序，实际上内核的文件很小，只保留了最基本的模块，并以压缩的文件形式存储在硬盘中，当 GRUB 将内核读进内存时，内存开始解压缩内核文件。在介绍内核启动之前，先对 initrd 进行介绍。

initrd（initial RAM disk，初始 RAM 磁盘），在 GRUB 执行过程就被复制到内存中，这个文件是在安装系统时产生的，是一个临时的根文件系统。为了精简，内核只保留了最基本的模块，因此，内核上并没有各种硬件的驱动程序，也就无法识别根文件系统所在的设备，故产生了 initrd 这个文件。该文件装载了必要的驱动模块，当内核启动时，可以从 initrd 文件中装载驱动模块，直到挂载真正的根文件系统，才将 initrd 从内存中移除。

内核会以只读方式挂载根文件系统，当根文件系统被挂载后，开始装载第一个进程（用户空间的进程），执行/sbin/init，之后就将控制权交接给初始化程序。

4. 系统初始化

（1）初始化读取/etc/inittab 文件。

初始化程序就是进行操作系统初始化操作，实际上是根据/etc/inittab（定义了系统默认运行级别）设定的动作进行脚本的执行，第一个被执行的脚本为/etc/rc.d/rc.sysinit。这是一个真正的操作系统初始化脚本，下面简单介绍这个脚本的任务。

- 激活 udev 和 SELinux。
- 根据/etc/sysctl.conf 文件设定内核参数。
- 设定系统时钟。
- 装载硬盘映射。
- 启用交换分区。
- 设置主机名。
- 检测根文件系统，并以可读、可写方式重新挂载根文件系统。

- 激活 RAID（redundant arrays of independent disks，独立磁盘冗余阵列）和 LVM（logical volume manager，逻辑卷管理）设备。
- 启用磁盘配额。
- 根据/etc/fstab 检查并挂载其他文件系统。
- 清理过期的锁和 PID 文件。

执行后，根据配置的运行级别执行对应目录下的脚本，再依次执行其他脚本。以下是读取 Rad Hat 的/etc/inittab 文件的示例。

```
# Default runlevel. The runlevels used by RHS are:
# 0 - halt (Do NOT set initdefault to this)
# 1 - Single user mode
# 2 - Multiuser, without NFS (The same as 3, if you do not have networking)
# 3 - Full multiuser mode
# 4 - unused
# 5 - X11
# 6 - reboot (Do NOT set initdefault to this)
#
id:3:initdefault:
# System initialization.
si::sysinit:/etc/rc.d/rc.sysinit
```

（2）执行/etc/rc.d/rc 脚本。

该文件定义服务启动的顺序是先 K 后 S，S 表示的是启动时需要开启（start）的服务内容，K 表示关机时需要关闭（kill）的服务内容。而具体的每个运行级别的服务状态放在/etc/rc.d/rc*.d（*=0～6）目录下，所有的文件指向/etc/init.d 下相应文件的符号链接。rc.sysinit 通过分析/etc/inittab 文件来确定系统的运行级别，然后执行/etc/rc.d/rc*.d 下的文件。

```
/etc/init.d-> /etc/rc.d/init.d
/etc/rc ->/etc/rc.d/rc
/etc/rc*.d ->/etc/rc.d/rc*.d
/etc/rc.local-> /etc/rc.d/rc.local
/etc/rc.sysinit-> /etc/rc.d/rc.sysinit
```

也就是说，/etc 目录下的 init.d、rc、rc*.d、rc.local 和 rc.sysinit 均指向/etc/rc.d 目录下相应文件和文件夹的符号链接。下面以运行级别 3 为例进行简要说明。

/etc/rc.d/rc3.d 目录下的内容都是以 S 或 K 开头的链接文件，且都链接到/etc/rc.d/init.d 目录下的各种 Shell 脚本。/etc/rc.d/rc*.d 中的系统服务会在系统后台启动，如果要对某个运行级别中的服务进行更具体的定制，可通过 chkconfig 命令进行操作，或者通过 setup、ntsys、system-config-services 进行操作。如果需要自己增加启动的内容，可以在 init.d 目录中增加相关的 Shell 脚本，然后在 rc*.d 目录中建立链接文件指向该 Shell 脚本。这些 Shell 脚本的启动或结束顺序由 S 或 K 后面的数字决定，数字越小的脚本越先执行。例如，/etc/rc.d/rc3.d/S01sysstat 比/etc/rc.d/rc3.d /S99local 先执行。

（3）执行/etc/rc.d/rc.local 脚本。

当执行/etc/rc.d/rc3.d/S99local 时，就是在执行/etc/rc.d/rc.local。S99local 是指向 rc.local 的符

号链接。一般来说，自定义的程序不需要执行上面所说的建立 Shell 脚本增加链接文件的烦琐步骤，只需要将命令放在 rc.local 里面就可以了，这个 Shell 脚本就是保留给用户自定义启动内容的。

当完成所有步骤后，Linux 会启动终端或 X Window 等待用户登录。

（二）Linux 系统运行级别设置

1. Linux 系统的 7 个运行级别

不同的运行级别运行启动的服务不同，这些运行级别定义在/etc/inittab 中，初始化程序会根据定义的运行级别去执行相应目录下的脚本。Linux 的运行级别分为以下 7 种。

- 运行级别 0：系统停机状态。系统默认运行级别不能设为 0，否则不能正常启动。
- 运行级别 1：单用户工作状态。
- 运行级别 2：多用户状态（没有 NFS）。
- 运行级别 3：完全的多用户状态（有 NFS）。登录后进入命令行模式。
- 运行级别 4：系统未使用，保留。
- 运行级别 5：X11 命令行，登录后进入 GUI 模式。
- 运行级别 6：系统正常关闭并重启。系统默认运行级别不能设为 6，否则不能正常启动。

2. 运行级别原理介绍

- 在目录/etc/rc.d/init.d 下有许多服务器脚本程序，一般称为服务（service）。
- rc.d 目录下都是一些符号链接文件，这些符号链接文件都指向 init.d 目录下的 service 脚本文件，命名规则为 "K+nn+服务名" 或 "S+nn+服务名"，其中 nn 为两位数字。
- 系统会根据指定的运行级别进入对应的 rc.d 目录，并按照文件名顺序检索目录下的链接文件：对于以 K（kill）开头的文件，系统将终止对应的服务；对于以 S（start）开头的文件，系统将启动对应的服务。
- 查看运行级别用 runlevel。
- 进入其他运行级别用 initN。如果为 init3，则进入命令行界面模式，为 init5 则登录 GUI 模式。

另外，init0 表示关机，init6 表示重启系统。标准的 Linux 运行级别为 3 或 5，如果是 3，系统处于多用户状态；如果是 5，则正在运行 X Window 系统。不同的运行级别有不同的用处，应该根据不同情形来设置。

任务 6.2 进程管理与监控

学习任务

通过阅读文献、查阅资料，了解与认识 Linux 进程管理与监控。进程是操作系统中一种较为抽象的概念，用来表示正在运行的程序。在 Linux 中的进程是具有独立功能的程序的运行过程，是系统进行资源分配的基本单位。在系统中可一次性运行多个进程。Linux 在创建进程时会为其分配一个唯一的进程号，以区分不同的进程。

（一）进程管理概述

1. 进程的概念

一般认为，进程不是程序，进程是由程序产生的、用来描述程序动态执行的过程。因此进程是程序的一次执行的动态子过程，它是动态的、暂时的、不停止运行的。一个程序可对应多个进程，一个进程也可调用多个程序。如图 6-2 所示为 Linux 中程序与进程的关系。

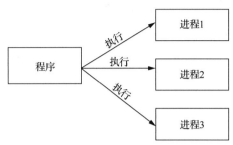

图 6-2　Linux 中程序与进程的关系

在 Linux 中由内核来完成对所有进程的管理，内核中存储的进程的重要信息如下。

- 进程的内存地址。
- 进程的当前状态。
- 进程正在使用的资源。
- 进程的优先级。
- 进程的属主。

2. 作业的概念

在 Linux 中正在执行的一个或多个相关的进程可组成一个作业，一个作业可以启动多个进程。根据工作方式的不同，作业可分为两大类。

- 前台作业：该进程运行于前台，用户可与进程交互。
- 后台作业：该进程运行于后台，向终端输出结果，用户无法直接控制。

值得注意的是，作业既可以运行在前台，也可以运行在后台。

在 Linux 中可以使用命令 pstree 查看进程之间的关系，即哪个进程是父进程，哪个是子进程，可以清楚地看出是谁创建了谁。Linux 系统中进程之间的关系就像是一棵树，树的根就是 PID 为 1 的 init 进程。

pstree 命令语法如下。

```
pstree（选项）
```

选项含义如下。

-a：各进程之间以 ASCII 来连接。

-U：各进程之间以 UTF-8 编码来连接，某些终端可能会有错误。

-p：同时列出每个进程的 PID。

-c：如果有重复的进程名，则分开列出。

-n：根据 PID 来排序输出，默认是以程序名排序输出的。

-u：同时列出每个进程的所属账号名称。

-V：显示版本信息。

需要注意的是，在使用 pstree 命令时，如果不指定进程的 PID，也不指定用户名，则会以 init 进程为根进程，显示系统中所有程序和进程的信息；反之，若指定 PID 或用户名，则将以 PID 或指定用户为根进程，显示 PID 或用户对应的所有程序和进程。

【例 6-1】使用 pstree 命令查看 Linux 中的进程。

```
[root@localhost ~]# pstree
systemd─┬─ModemManager───2*[{ModemManager}]
        ├─NetworkManager───2*[{NetworkManager}]
        ├─VGAuthService
        ├─accounts-daemon───2*[{accounts-daemon}]
        ├─alsactl
        ├─atd
        ├─auditd─┬─sedispatch
        │        └─2*[{auditd}]
        ├─avahi-daemon───avahi-daemon
        ├─bluetoothd
        ├─boltd───2*[{boltd}]
        ├─colord───2*[{colord}]
        ├─crond
        ├─cupsd
        ├─dbus-daemon───{dbus-daemon}
        ├─dnsmasq───dnsmasq
        ├─firewalld───{firewalld}
        ├─fprintd───{fprintd}
        ├─fwupd───4*[{fwupd}]
        …

[root@localhost ~]# pstree admin    //查看用户 admin 启动了哪些进程
```

运行结果显示，未发现进程。

（二）进程的状态

在 Linux 中的进程有以下 7 种状态。

- 就绪状态：进程已经获得除 CPU 以外的运行所需的全部资源。
- 运行状态：进程正在运行，并且占用 CPU 的资源。
- 等待状态：进程正在等待某一事件或某一资源。
- 挂起状态：正在运行的某个进程因为某个原因暂时停止运行。
- 终止状态：该进程已经结束。
- 僵死状态：进程已停止运行，但是还保留着相关的信息。
- 休眠状态：进程主动暂时停止运行。

（三）进程的分类

Linux 将进程分为实时进程和非实时进程，其中非实时进程可进一步划分为交互式进程和批处理进程。

1. 实时进程

实时进程有很强的调度需求，这样的进程不会被优先级低的进程阻塞。同时，实时进程的响应时间要尽可能短。例如，视频和音频应用程序以及机器人控制程序等，都是实时进程。

2. 非实时进程

● 交互式进程。此类进程经常与用户进行交互，因此需要花费很多时间等待键盘和鼠标操作。在接收了用户的命令后，进程必须很快被唤醒，否则用户会感觉系统反应迟钝。例如，文本编辑程序和图形应用程序等是交互式进程。

● 批处理进程。此类进程不必与用户进行交互，因此经常在后台运行。由于批处理进程不必很快响应，因此常受到调度程序的怠慢。例如，数据库搜索引擎等是批处理进程。

（四）进程的优先级

进程的优先级是指在 Linux 中，按照 CPU 资源分配的先后顺序形成的不同进程的队列。一般而言，优先级高的进程有优先执行的权利。用户可以通过修改该进程的优先级来改变进程在队列中的排列顺序，从而使它优先运行。

在 Linux 中启动进程的用户或管理员用户可以修改进程的优先级，普通用户只能调低优先级，超级用户既可以调高优先级也可以调低优先级。Linux 中的进程可用 nice 命令设置优先级。语法如下所示：

```
nice -n <priority> command
```

其中，-n 选项后面跟随要设置的优先级值（-20 到 19 之间），而 command 则表示需要运行的命令或者程序。如命令 nice -n 19 wc 表示设置 wc 的优先级为最低。

（五）进程的属性

一个进程可能包含多个属性参数，这些参数决定进程的编号、被执行的先后顺序以及访问资源的多少。本节将介绍进程中的常见参数以及参数的含义。

1. 进程标识（PID）

Linux 系统为每个进程分配了一个标识其身份的 ID，称为 PID。每一个 PID 都有不同的权限，系统通过 PID 来判断进程的工作执行方式。对于计算机而言，管理 PID 远比管理进程名要轻松得多。

2. 父进程标识（PPID）

在 Linux 中，进程间是有相关性的，在用户登录 Linux 系统后，内核会先自主地创建几个进程，再由这些进程提供的接口去创建新的进程。因此，可以认为，当一个进程被创建时，创建它的进程就叫父进程，用 PPID 标识。而被创建的进程叫子进程。值得注意的是，进程都是由父进程通过"复制"的方式得来的。因此，子进程与父进程几乎是一模一样的。

（六）使用命令进行进程管理与监控

在 Linux 中，可以通过 Shell 命令实现进程的管理与监控，本节详细介绍相关的命令。

1. 管理进程与作业的命令

（1）jobs 命令。

jobs 命令用于显示当前所有的作业。该命令语法如下。

jobs（选项）

选项含义如下。

-p：仅显示 PID。

-l：同时显示 PID、作业号、作业状态等。

例如：

[root@localhost ~]# jobs　//显示作业信息

（2）ps 命令。

ps 命令用于显示进程的状态。该命令语法如下。

ps（选项）

选项含义如下。

-a：显示当前终端的所有进程。

-e：显示系统中正在运行的所有进程。

-f：使用完整（full）的格式显示进程信息。

-l：以详细的格式来显示程序的状况。

-t 终端名：显示对应终端的进程。

-u：以用户为分组依据显示进程状态信息。

-H：以树状结构显示进程的层级相关信息。

常用的命令如下。

ps aux：以详细格式显示系统中所有的进程。

ps -le：可以查看系统中所有的进程，而且能看到进程的父进程的 PID 和进程优先级。

ps 命令显示的部分信息如表 6-1 所示。

表 6-1　ps 命令显示的部分信息

字段	说明
USER	用户名
PID	进程 ID
%CPU	CPU 用量百分比
%MEM	内存用量百分比
VSZ	占用虚拟内存大小
RSS	常驻内存集大小
TTY	命令行终端
STAT	进程状态

例如：

[root@localhost ~]# ps　-l　//以长格式显示进程详细信息

结果如图 6-3 所示。

```
[root@localhost ~]# ps -l
F S  UID   PID  PPID  C PRI  NI ADDR SZ WCHAN  TTY          TIME CMD
0 S    0  2823  2818  0  80   0 -  6690 -      pts/0    00:00:00 bash
0 R    0  2996  2823  0  80   0 - 11244 -      pts/0    00:00:00 ps
```

图 6-3　Linux 中进程的显示

由图 6-4 可以看出，在显示进程信息中包含的主要内容如下。

UID：用户 ID。

PID：进程号。

PPID：父进程标识。

C：进程最近所耗费的 CPU 资源。

TIME：进程总共占用的 CPU 时间。

CMD：进程名。

ps 命令运行结果如下所示。

[root@localhost ~]# ps -aux　　//以详细格式显示系统中所有的进程

USER	PID	%CPU	%MEM	VSZ	RSS	TTY	STAT	START	TIME	COMMAND
root	1	0.0	0.6	244848	13548	?	Ss	09:48	0:02	/usr/lib/syste
root	2	0.0	0.0	0	0	?	S	09:48	0:00	[kthreadd]
root	3	0.0	0.0	0	0	?	I<	09:48	0:00	[rcu_gp]
root	4	0.0	0.0	0	0	?	I<	09:48	0:00	[rcu_par_gp]
root	6	0.0	0.0	0	0	?	I<	09:48	0:00	[kworker/0:0H]
root	8	0.0	0.0	0	0	?	I<	09:48	0:00	[mm_percpu_wq]
root	9	0.0	0.0	0	0	?	S	09:48	0:00	[ksoftirqd/0]
root	10	0.0	0.0	0	0	?	R	09:48	0:00	[rcu_sched]
root	11	0.0	0.0	0	0	?	S	09:48	0:00	[migration/0]
root	12	0.0	0.0	0	0	?	S	09:48	0:00	[watchdog/0]
root	13	0.0	0.0	0	0	?	S	09:48	0:00	[cpuhp/0]
root	15	0.0	0.0	0	0	?	S	09:48	0:00	[kdevtmpfs]
root	16	0.0	0.0	0	0	?	I<	09:48	0:00	[netns]
root	17	0.0	0.0	0	0	?	S	09:48	0:00	[kauditd]
root	18	0.0	0.0	0	0	?	S	09:48	0:00	[khungtaskd]
root	19	0.0	0.0	0	0	?	S	09:48	0:00	[oom_reaper]
root	20	0.0	0.0	0	0	?	I<	09:48	0:00	[writeback]
root	21	0.0	0.0	0	0	?	S	09:48	0:00	[kcompactd0]
root	22	0.0	0.0	0	0	?	SN	09:48	0:00	[ksmd]
root	23	0.0	0.0	0	0	?	SN	09:48	0:00	[khugepaged]
root	24	0.0	0.0	0	0	?	I<	09:48	0:00	[crypto]
root	25	0.0	0.0	0	0	?	I<	09:48	0:00	[kintegrityd]
root	26	0.0	0.0	0	0	?	I<	09:48	0:00	[kblockd]
...										
root	2586	0.0	4.1	1106064	83668	tty2	Sl+	09:49	0:00	/usr/bin/gnome

root	2590	0.0	1.4	563808	30148	?	Ssl	09:49	0:00 /usr/libexec/t
root	2614	0.0	2.0	572872	41024	tty2	Sl+	09:49	0:05 /usr/bin/vmtoo
root	2621	0.0	1.2	622776	25124	tty2	SNl+	09:49	0:00 /usr/libexec/t
root	2627	0.0	1.3	640608	27472	tty2	SNl+	09:49	0:00 /usr/libexec/t
root	2634	0.0	0.3	300912	6776	tty2	Sl+	09:49	0:00 /usr/libexec/g
root	2669	0.0	2.1	558340	42820	?	Ssl	09:49	0:00 /usr/libexec/f
root	2676	0.0	0.4	323416	9628	?	Ssl	09:49	0:00 /usr/libexec/b
root	2690	0.0	2.1	373284	43416	?	S	09:49	0:00 /usr/libexec/p
root	3003	0.0	0.4	226696	8544	?	Ssl	09:56	0:00 /usr/libexec/g
root	3571	0.1	2.7	603824	54708	?	Ssl	10:27	0:06 /usr/libexec/g
root	3576	0.0	0.2	26760	5212	pts/0	Ss	10:27	0:00 bash
root	4393	0.0	0.0	0	0	?	I	11:24	0:00 [kworker/0:0-e
root	4507	0.0	0.0	0	0	?	I	11:35	0:00 [kworker/0:2-x
root	4606	0.0	0.0	0	0	?	I	11:41	0:00 [kworker/0:1-e
root	4653	0.0	0.0	7492	844	?	S	11:46	0:00 sleep 60
root	4655	0.0	0.1	59784	3960	pts/0	R+	11:46	0:00 ps -aux

[root@localhost ~]# ps axo pid,comm,%cpu --sort=%cpu   //根据 CPU 进行排序

```
PID COMMAND          %CPU
    1 systemd          0.0
    2 kthreadd         0.0
    3 rcu_gp           0.0
    4 rcu_par_gp       0.0
    6 kworker/0:0H-kb  0.0
    8 mm_percpu_wq     0.0
    9 ksoftirqd/0      0.0
   10 rcu_sched        0.0
   11 migration/0      0.0
   12 watchdog/0       0.0
   13 cpuhp/0          0.0
   15 kdevtmpfs        0.0
   16 netns            0.0
   17 kauditd          0.0
   18 khungtaskd       0.0
   19 oom_reaper       0.0
   20 writeback        0.0
   21 kcompactd0       0.0
   22 ksmd             0.0
   23 khugepaged       0.0
   24 crypto           0.0
```

25 kintegrityd	0.0			
26 kblockd	0.0			
27 tpm_dev_wq	0.0			
28 md	0.0			
29 edac-poller	0.0			

[root@localhost ~]# ps -e -f -H   //层级结构显示进程的相关信息

UID	PID	PPID	C STIME TTY	TIME	CMD
root	2	0	0 09:48 ?	00:00:00	[kthreadd]
root	3	2	0 09:48 ?	00:00:00	[rcu_gp]
root	4	2	0 09:48 ?	00:00:00	[rcu_par_gp]
root	6	2	0 09:48 ?	00:00:00	[kworker/0:0H-kblockd]
root	8	2	0 09:48 ?	00:00:00	[mm_percpu_wq]
root	9	2	0 09:48 ?	00:00:00	[ksoftirqd/0]
root	10	2	0 09:48 ?	00:00:00	[rcu_sched]
root	11	2	0 09:48 ?	00:00:00	[migration/0]
root	12	2	0 09:48 ?	00:00:00	[watchdog/0]
root	13	2	0 09:48 ?	00:00:00	[cpuhp/0]
root	15	2	0 09:48 ?	00:00:00	[kdevtmpfs]
root	16	2	0 09:48 ?	00:00:00	[netns]
root	17	2	0 09:48 ?	00:00:00	[kauditd]
root	18	2	0 09:48 ?	00:00:00	[khungtaskd]
root	19	2	0 09:48 ?	00:00:00	[oom_reaper]
root	20	2	0 09:48 ?	00:00:00	[writeback]
root	21	2	0 09:48 ?	00:00:00	[kcompactd0]
root	22	2	0 09:48 ?	00:00:00	[ksmd]
root	23	2	0 09:48 ?	00:00:00	[khugepaged]
root	24	2	0 09:48 ?	00:00:00	[crypto]
root	25	2	0 09:48 ?	00:00:00	[kintegrityd]
root	26	2	0 09:48 ?	00:00:00	[kblockd]
root	27	2	0 09:48 ?	00:00:00	[tpm_dev_wq]
root	28	2	0 09:48 ?	00:00:00	[md]
root	29	2	0 09:48 ?	00:00:00	[edac-poller]
root	30	2	0 09:48 ?	00:00:00	[watchdogd]
root	42	2	0 09:48 ?	00:00:00	[kswapd0]
root	93	2	0 09:48 ?	00:00:00	[kthrotld]
root	94	2	0 09:48 ?	00:00:00	[irq/24-pciehp]
root	95	2	0 09:48 ?	00:00:00	[irq/25-pciehp]
root	96	2	0 09:48 ?	00:00:00	[irq/26-pciehp]
root	97	2	0 09:48 ?	00:00:00	[irq/27-pciehp]

（3）kill 命令。

kill 命令用于终止正在运行的作业或进程。超级用户可以终止所有进程，普通用户只能终止自己启动的进程。该命令语法如下。

kill（进程信号）进程号

要想知道常用的进程信号，可使用命令 kill -l 查看，运行结果如下所示。

```
[root@localhost ~]# kill -l
 1) SIGHUP       2) SIGINT       3) SIGQUIT      4) SIGILL       5) SIGTRAP
 6) SIGABRT      7) SIGBUS       8) SIGFPE       9) SIGKILL     10) SIGUSR1
11) SIGSEGV     12) SIGUSR2     13) SIGPIPE     14) SIGALRM     15) SIGTERM
16) SIGSTKFLT   17) SIGCHLD     18) SIGCONT     19) SIGSTOP     20) SIGTSTP
21) SIGTTIN     22) SIGTTOU     23) SIGURG      24) SIGXCPU     25) SIGXFSZ
26) SIGVTALRM   27) SIGPROF     28) SIGWINCH    29) SIGIO       30) SIGPWR
31) SIGSYS      34) SIGRTMIN    35) SIGRTMIN+1  36) SIGRTMIN+2  37) SIGRTMIN+3
38) SIGRTMIN+4  39) SIGRTMIN+5  40) SIGRTMIN+6  41) SIGRTMIN+7  42) SIGRTMIN+8
43) SIGRTMIN+9  44) SIGRTMIN+10 45) SIGRTMIN+11 46) SIGRTMIN+12 47) SIGRTMIN+13
48) SIGRTMIN+14 49) SIGRTMIN+15 50) SIGRTMAX-14 51) SIGRTMAX-13 52) SIGRTMAX-12
53) SIGRTMAX-11 54) SIGRTMAX-10 55) SIGRTMAX-9 56) SIGRTMAX-8  57) SIGRTMAX-7
58) SIGRTMAX-6  59) SIGRTMAX-5  60) SIGRTMAX-4  61) SIGRTMAX-3  62) SIGRTMAX-2
63) SIGRTMAX-1  64) SIGRTMAX
```

最常用的进程信号是 SIGRTMAX-9，直接用命令来终止进程。

【例 6-2】用 kill 命令终止指定的进程。

使用命令 ps -ef | grep vim，找出指定的进程，显示出 PID 为 3055，再使用命令 kill 3055 终止该进程。运行结果如下所示。

```
[root@localhost ~]# ps -ef|grep vim
root        3055    2823  0 11:38 pts/0    00:00:00 grep --color=auto vim
[root@localhost ~]# kill 3055
bash: kill: (3055) - 没有那个进程
```

（4）nice 命令。

nice 命令用于设置将要启动的进程的优先级，如果不指定命令则显示当前的优先级。进程优先级数值的范围为-20～19，数字越小，优先级越高，-20 是最大优先级，19 是最小优先级。普通用户只能在 0～19 调整进程的优先级数值，只有超级用户才有权调整更高的优先级。该命令的语法如下。

nice（-优先级数值）命令参数

【例 6-3】用 nice 命令设置进程的优先级。

具体操作步骤如下。

① 显示当前的优先级，运行结果如下所示。

```
[root@localhost ~]# nice
0   //当前优先级为 0
```

② 设置进程 wc 的优先级，运行结果如下所示。

```
[root@localhost ~]# nice -n -20 wc
```

```
^Z    //按组合键 Ctrl+Z
```

③ 查看优先级，运行结果如下所示。

```
[root@localhost ~]# ps -ao "%p%y%x%c%n"

3263 pts/0      00:00:00 wc                      -20

3279 pts/0      00:00:00 ps                       0
```

（5）renice 命令。

renice 命令用于修改运行中的进程的优先级，设置指定用户或用户组的进程优先级。优先级值前无"-"。该命令语法如下。

```
renice 优先级值 （选项）
```

选项含义如下。

-p：进程号。

-u：用户名。

-g：组群号。

例如：

```
[root@localhost ~]# renice +12 -p 3319    //将 PID 为 3319 的进程的优先级设置为 12
```

运行结果如图 6-4 所示。

```
[root@localhost ~]# ps -l
F S   UID    PID   PPID  C PRI  NI ADDR SZ WCHAN  TTY          TIME CMD
0 S     0   3198   3193  0  80   0 -  6727 -      pts/0    00:00:00 bash
0 T     0   3263   3198  0  99  19 -  1917 -      pts/0    00:00:00 wc
4 T     0   3319   3198  0  60 -20 -  1917 -      pts/0    00:00:00 wc
0 R     0   3356   3198  0  80   0 - 11244 -      pts/0    00:00:00 ps
[root@localhost ~]# renice +12 -p 3319
3319 (process ID) 旧优先级为 -20，新优先级为 12
```

图 6-4   修改运行中的进程的优先级

2. 实施系统监控的命令

（1）who 命令。

who 命令用于查看当前已登录的所有用户。该命令的语法如下。

```
who（选项）
```

选项含义如下。

-m：显示当前用户的用户名。

-H：显示用户信息。

例如，用 who 命令显示用户信息，运行结果如下所示。

```
[root@localhost ~]# who

root      tty2          2023-03-03 11:26 (tty2)
```

（2）top 命令。

top 命令用于即时跟踪当前系统中的进程状态，可以动态显示 CPU 信息、内存利用率和进程状态等相关信息，也是目前应用广泛的实时系统性能检测程序。top 命令默认每间隔 5s 更新一次显示信息。该命令的语法如下。

```
top（选项）
```

选项含义如下。

-d：整个程序的更新次数，默认间隔时间为 5s。

-b：以批次的方式执行 top 命令。

运行该命令，结果如下所示。

```
[root@localhost ~]# top

top - 11:59:05 up 33 min,   1 user,   load average: 0.07, 0.02, 0.06
Tasks: 319 total,   2 running, 315 sleeping,   2 stopped,   0 zombie
%Cpu(s):  3.1 us,  2.7 sy,  0.0 ni, 93.2 id,  0.0 wa,  1.0 hi,  0.0 si,  0.0 st
MiB Mem :   1965.1 total,    200.3 free,   1285.7 used,    479.1 buff/cache
MiB Swap:   2096.0 total,   2074.6 free,     21.4 used.    513.2 avail Mem
```

PID	USER	PR	NI	VIRT	RES	SHR	S	%CPU	%MEM	TIME+	COMMAND
2301	root	20	0	2920152	181796	107100	S	4.3	9.0	0:21.04	gnome-shell
3193	root	20	0	606128	57580	43132	S	1.3	2.9	0:02.00	gnome-terminal-
10	root	20	0	0	0	0	R	0.3	0.0	0:00.39	rcu_sched
23	root	39	19	0	0	0	S	0.3	0.0	0:00.31	khugepaged
1	root	20	0	244712	13468	9020	S	0.0	0.7	0:02.87	systemd
2	root	20	0	0	0	0	S	0.0	0.0	0:00.00	kthreadd
3	root	0	-20	0	0	0	I	0.0	0.0	0:00.00	rcu_gp
4	root	0	-20	0	0	0	I	0.0	0.0	0:00.00	rcu_par_gp
6	root	0	-20	0	0	0	I	0.0	0.0	0:00.00	kworker/0:0H-kblockd
8	root	0	-20	0	0	0	I	0.0	0.0	0:00.00	mm_percpu_wq
9	root	20	0	0	0	0	S	0.0	0.0	0:00.09	ksoftirqd/0
11	root	rt	0	0	0	0	S	0.0	0.0	0:00.00	migration/0
12	root	rt	0	0	0	0	S	0.0	0.0	0:00.00	watchdog/0
13	root	20	0	0	0	0	S	0.0	0.0	0:00.00	cpuhp/0
15	root	20	0	0	0	0	S	0.0	0.0	0:00.00	kdevtmpfs
16	root	0	-20	0	0	0	I	0.0	0.0	0:00.00	netns
17	root	20	0	0	0	0	S	0.0	0.0	0:00.00	kauditd
18	root	20	0	0	0	0	S	0.0	0.0	0:00.00	khungtaskd
19	root	20	0	0	0	0	S	0.0	0.0	0:00.00	oom_reaper
20	root	0	-20	0	0	0	I	0.0	0.0	0:00.00	writeback
21	root	20	0	0	0	0	S	0.0	0.0	0:00.00	kcompactd0
22	root	25	5	0	0	0	S	0.0	0.0	0:00.00	ksmd
24	root	0	-20	0	0	0	I	0.0	0.0	0:00.00	crypto
25	root	0	-20	0	0	0	I	0.0	0.0	0:00.00	kintegrityd
26	root	0	-20	0	0	0	I	0.0	0.0	0:00.00	kblockd
27	root	0	-20	0	0	0	I	0.0	0.0	0:00.00	tpm_dev_wq
28	root	0	-20	0	0	0	I	0.0	0.0	0:00.00	md
29	root	0	-20	0	0	0	I	0.0	0.0	0:00.00	edac-poller
30	root	rt	0	0	0	0	S	0.0	0.0	0:00.00	watchdogd
42	root	20	0	0	0	0	S	0.0	0.0	0:00.39	kswapd0

top 命令的运行结果十分丰富，使用 CPU 资源最多的程序会排在最前面。此外，用户还可以查看内存占用率等有用的信息，在查看结束后输入 q，即可退出该命令。

任务6.3　进程调度

学习任务

通过阅读文献、查阅资料，了解与认识 Linux 进程调度。Linux 系统允许用户在特定的时间自动执行指定的任务，也允许用户对任务进行合理的安排，从而提高资源利用率，均衡系统的负载，最终实现系统管理的自动化。

（一）进程调度概述

用户对 Linux 系统的进程可使用以下方式进行调度。
- 使用命令 at 调度偶尔运行的进程。
- 使用命令 crontab 调度定期运行的进程。

（二）进程调度的命令

1. at 命令
用户可以使用 at 命令来指定特定的日期和时间以便运行某个程序。该命令的语法如下。

```
at（选项）时间
```

选项含义如下。

-f 文件名：用于将计划执行的命令存放在指定的文件中。

-l：显示等待执行的调度作业。

-d：删除指定的调度作业。

值得注意的是，该命令后必须要加上时间，否则无效，如下所示。

```
[root@localhost ~]# at
Garbled time
```

at 命令对于时间的设置十分复杂。它既可以设置当天的时间，也可以设置几天后的时间。在格式上，可以使用 am、pm 等进行描述，也可以用 hh:mm（小时:分钟）的方式进行描述。例如，指定在今天下午 5:30 执行某命令。假设现在时间是 2023 年 5 月 15 日中午 12:30，其命令格式如下。
- at 5:30pm。
- at 17:30。
- at 17:30 today。
- at now + 5 hours。
- at now + 300 minutes。
- at 17:30 15.5.23。
- at 17:30 5/15/23。

- at 17:30 May 15。

【例 6-4】用 at 命令创建 3 个不同时间的作业，假设现在时间为 2023 年 3 月 4 日早上 9:57。具体操作步骤如下。

（1）创建 1 个作业，时间在 1min 以后。

① 输入命令：at now+1 minutes。

② 输入作业的内容：welcome。

③ 按组合键 Ctrl+D 结束。

运行结果如下所示。

```
[root@localhost ~]# at now+1 minutes

warning: commands will be executed using /bin/sh

at> welcome

at> <EOT>

job 9 at Sat Mar   4 09:58:00 2023
```

（2）同理，创建第 2 个作业，时间在 3 天后的晚上 8 点，命令及运行结果如下所示。

```
[root@localhost ~]# at 8pm+3 days

warning: commands will be executed using /bin/sh

at> /bin/ls

at> <EOT>

Job 10 at Tue Mar   7 20:00:00 2023
```

（3）创建第 3 个作业，时间是现在。命令及运行结果如下所示。

```
[root@localhost ~]# at now

warning: commands will be executed using /bin/sh

at> hello

at> <EOT>

job 11 at Sat Mar   4 09:58:00 2023
```

2. atq 命令

当用户使用 at 命令设定好作业计划后，可以用 atq 命令查看已经安排好的作业。例如：

```
[root@localhost ~]# atq    //查看作业安排
```

该命令运行结果如下所示。

```
7    Sat Mar   4 11:00:00 2023 a root

10   Tue Mar   7 20:00:00 2023 a root
```

3. atrm 命令

用户创建作业后，可使用命令 atrm 删除作业。该命令语法如下。

```
atrm   作业号
```

其中作业号用数字表示，如之前显示的 7 和 10 等。

【例 6-5】用 atrm 删除之前的作业 7。

具体操作步骤如下。

（1）输入命令：atrm 7。

（2）用 atq 命令查看结果。

运行结果如下所示。

```
[root@localhost ~]# atrm 7
[root@localhost ~]# atq
```
```
10      Tue Mar   7 20:00:00 2023 a root
```

可以看出，此时系统中只剩下作业 10，作业 7 已经被删除。

（三）crontab 命令调度进程

1. Crontab 命令的原理

与 at 命令不同，crontab 命令用于周期性地运行进程。在 Linux 中，如果用户要执行定期的作业，一般由 cron 服务来完成。当 cron 服务启动时，它会读取配置文件并将其保存在内存中，每隔 1min，cron 服务会重新检查配置文件，因此 cron 服务执行命令的最短周期是 1min。

cron 服务的配置文件也就是 crontab 配置文件，它被保存在 Linux 中的/var/spool/cron 目录下。crontab 配置文件保存 cron 服务的内容，共有 5 个字段，从左到右依次为分钟、时、日期、月和星期，如表 6-2 所示。

表 6-2　crontab 配置文件内容包含的字段

字段	分钟	时	日期	月	星期
取值	0～59	0～23	01～31	01～12	0～6，0 为星期日

值得注意的是，以上所有字段不能为空，字段之间应用空格分开，如果不指定字段，则使用 "*"。

在日期格式的书写中，可以使用 "-" 表示一段时间，如 "5-10" 表示每个月的第 5 天到第 10 天都要执行该命令。此外，也可以用 "," 表示特定的日期，如 "1，15，28" 表示每个月的 1 号、15 号和 28 号都要执行该命令。

2. crontab 命令的使用

crontab 命令的语法如下。

```
crontab（选项）
```

选项含义如下。

-e：用于创建并编辑 crontab 作业内容。

-l：列出当前的内容。

-r：删除 crontab 作业。

-u：指定运行用户。

3. cron 服务的启动

由于 cron 是 Linux 的内置服务，但它不能自动启动，可以用以下的方法启动、关闭这个服务。

```
/sbin/service crond start //启动服务
/sbin/service crond stop //关闭服务
/sbin/service crond restart //重启服务
/sbin/service crond reload //重新载入配置
```

启动 cron 服务运行结果如下所示。

```
[root@localhost ~]# /sbin/service crond start
```

Redirecting to /bin/systemctl start crond.service

root 用户查看自己的 cron 服务，命令如下。

crontab -u root -l

运行结果如下所示。

[root@localhost ~]# crontab -u root -l

no crontab for root

【例 6-6】用 crontab 命令创建配置作业。

（1）在终端输入命令 crontab -e 启动 Vi 文本编辑器，创建 crontab 文件，并输入内容"0 7 * * * /bin/ls"，该命令表示在每天早上 7 点准时执行/bin/ls。显示如图 6-5 所示。

（2）保存并退出。在输入完文本内容并确认格式无误后保存并退出。

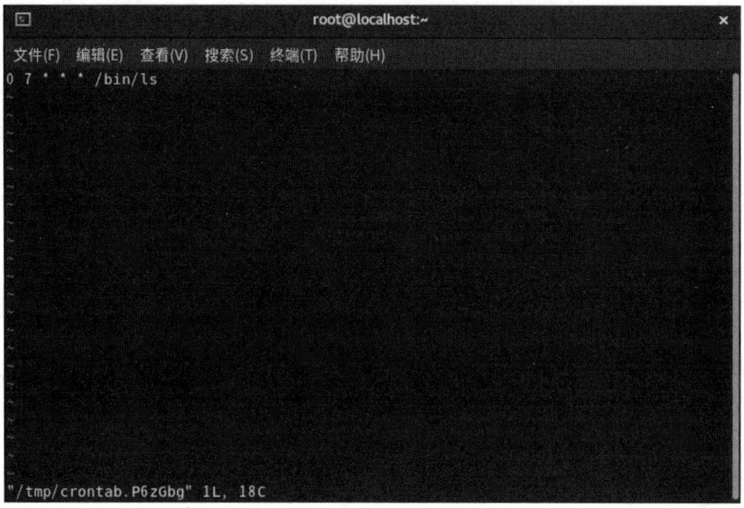

图 6-5　文本内容

值得注意的是，在输入的文本中每个数字与数字之间以及数字与*之间要用空格分隔，否则该命令无法运行。

（3）查看 crontab 文件内容。在终端输入命令 crontab -l 后即可查看刚才创建的内容。运行结果如下所示。

[root@localhost ~]# crontab -l

0 7 * * * /bin/ls

任务 6.4　服务管理

学习任务

通过阅读文献、查阅资料，了解与认识 Linux 服务管理。Linux 系统的服务分为独立的服务和基于 xinetd 的服务，独立的服务直接在内存中，只要用到这个服务，就会有响应；基于 xinetd 的服务不在内存中，需要 xinetd 去调用相应的服务，目前 xinetd 已经成为 Red Hat 中的超级守护进程。一旦客户端发出服务请求，超级守护进程就为其提供相应的服务。

（一）服务的脚本介绍

在 Linux 中，每个服务都会有对应的启动脚本，具体对应关系如下。

（1）/etc/rc.d/ini.d/：守护进程的运行目录，系统在安装时安装了许多 RPM 包，这里面就有对应的脚本。执行这些脚本可以用来启动、停止、重启这些服务。如要对 xinetd 服务进行管理，可执行下列的命令。

- /etc/rc.d/ini.d/xinetd start：用于 xinetd 服务的启动。
- /etc/rc.d/ini.d/xinetd stop：用于 xinetd 服务的停止。
- /etc/rc.d/ini.d/xinetd status：用于 xinetd 服务的查询。

（2）/etc/rc.d/rc.local：存放进程的初始化脚本，其目录名为 rc0.d～rc6.d，当系统启动或者进入某个运行级别时，对应脚本中用于启动服务的脚本将自动运行。例如用户要添加开机启动项，则只需在/etc/rc.d/rc.local 文件中添加即可。

（二）systemd 使用命令管理服务

systemd 是几乎所有现代 Linux 发行版的初始化系统。它是 Linux 启动时启动的第一个进程，负责控制计算机上运行的所有其他内容。

systemctl 命令是一个 systemd 工具，主要负责控制 systemd 系统和服务管理器。首先检测系统中是否安装 systemd 并确定当前安装的版本，命令及运行结果如下所示。

```
[root@localhost ~]# systemctl  --version
systemd 239
```

运行结果很清楚地表明，该系统安装了 239 版本的 systemd。

【例 6-7】使用 systemctl 命令列出 Linux 系统中所有的服务。

在 Linux 中运行 systemctl list-unit-files 命令可以列出系统中所有的服务，运行结果如图 6-6 所示。

```
[root@localhost ~]# systemctl list-unit-files
UNIT FILE                                   STATE
proc-sys-fs-binfmt_misc.automount           static
-.mount                                     generated
boot.mount                                  generated
dev-hugepages.mount                         static
dev-mqueue.mount                            static
proc-fs-nfsd.mount                          static
proc-sys-fs-binfmt_misc.mount               static
sys-fs-fuse-connections.mount               static
sys-kernel-config.mount                     static
sys-kernel-debug.mount                      static
tmp.mount                                   disabled
var-lib-machines.mount                      static
var-lib-nfs-rpc_pipefs.mount                static
cups.path                                   enabled
ostree-finalize-staged.path                 disabled
systemd-ask-password-console.path           static
systemd-ask-password-plymouth.path          static
systemd-ask-password-wall.path              static
session-2.scope                             transient
session-c1.scope                            transient
accounts-daemon.service                     enabled
alsa-restore.service                        static
```

图 6-6 Linux 系统中所有的服务

【例 6-8】查看 sshd 服务是否运行。

```
[root@localhost ~]# systemctl is-active sshd
active
```

只有状态为 active 才说明 sshd 服务是正常运行的，其他状态都表示 sshd 服务没有运行或没有正常运行。Linux 的 sshd 服务是在 Linux 系统上运行的一个守护进程，用于支持在不安全的网络环境下进行加密的远程登录。

关闭 sshd 服务的命令如下。

```
[root@localhost ~]# systemctl    stop sshd
[root@localhost ~]# systemctl is-active sshd
inactive
```

开启 sshd 服务的命令如下。

```
[root@localhost ~]# systemctl    start sshd
[root@localhost ~]# systemctl is-active sshd
active
```

项目小结

（1）Linux 系统在开机后要经历以下步骤才能完成整个启动过程：BIOS 自检、系统引导、内核引导和启动以及 init 系统初始化。

（2）进程是操作系统中较为抽象的概念，用来表示正在运行的程序。在 Linux 中的进程是具有独立功能的程序的运行过程，是系统进行资源分配的基本单位。

（3）在 Linux 中启动进程的用户或管理员用户可以修改进程的优先级。Linux 中的进程可用 nice 命令设置优先级。

（4）在 Linux 中可以用 Shell 命令来实现进程的管理与监控，常见的命令有 jobs 命令、ps命令、kill 命令、nice 命令、top 命令等。

（5）Linux 系统允许用户在特定的时间自动执行指定的任务，也允许用户对任务进行合理的安排，从而提高资源利用率，均衡系统的负载，最终实现系统管理的自动化。常见的命令有at 命令、atq 命令、atrm 命令以及 crontab 命令等。

项目实训　系统与进程管理综合实训

1. 实训目的

（1）掌握 Linux 中进程管理与监控的基本命令。

（2）掌握 Linux 中进程调度的基本命令。

（3）掌握 Linux 中服务管理的命令。

2. 实训内容

（1）登录 Linux，启动 Shell。

（2）使用 ps 命令查看系统进程。

（3）使用 top 命令跟踪系统进程。

（4）在图形化界面中查看系统进程。

（5）使用 at 命令创建不同的作业计划。

（6）使用 atq 命令查看系统作业。

（7）使用 atrm 命令删除作业。

（8）使用 crontab 命令执行进程的调度。

（9）使用 service 命令查看系统服务。

（10）使用 systemctl 命令管理服务。

综合练习

1. 选择题

（1）Linux 系统的运行级别有（　　　）个。

  A. 4   B. 5   C. 6   D. 7

（2）runlevel 也叫作（　　　）。

  A. 运行级别   B. 运行参数   C. 运行数据   D. 运行资源

（3）nice 的取值范围为（　　　）。

  A. 0～10   B. −20～19   C. −10～10   D. 无限

（4）PID 的含义是（　　　）。

  A. 进程的启动 B. 进程的关闭 C. 进程标识   D. 进程属性

（5）ps 命令用于显示（　　　）。

  A. 进程的状态 B. 进程的名称 C. 进程的属性 D. 进程的开启

（6）kill 命令用于（　　　）。

  A. 终止进程   B. 开启进程   C. 显示进程   D. 打开进程

（7）who 命令用于（　　　）。

  A. 查看当前已登录的所有用户   B. 查看所有用户

  C. 显示用户   D. 注销用户

（8）at 命令用于（　　　）。

  A. 设置时间   B. 设置用户

  C. 设置进程   D. 设置指定时间执行的命令

（9）当用户创建作业后，可使用（　　　）命令来删除作业。

  A. atrm   B. at   C. atm   D. aty

（10）chkconfig --add 的含义是（　　　）。

  A. 增加某个系统服务   B. 删除某个系统服务

  C. 修改某个系统服务   D. 显示目录的路径

2. 简答题

（1）简述 Linux 启动的步骤。

（2）简述 top 命令和 ps 命令的特点。

（3）简述 crontab 命令的使用方法。

项目 07

软件包管理

【项目导入】

完善的软件包管理机制对于操作系统来说是非常重要的，没有软件包管理器，用户使用操作系统将会变得非常困难，也不利于操作系统的推广。用户使用 Linux，需要了解 Linux 的软件包管理机制。本项目首先介绍对文件进行打包、压缩、解打包和解压缩的文件备份归档命令 tar，然后介绍归档管理器的使用，最后介绍软件包管理命令 rpm 和 yum 的使用。

【项目要点】

① 文件备份归档命令 tar 的使用。
② 归档管理器的使用。
③ 软件包管理命令 rpm 和 yum 的使用。

【素养提升】

"十四五"规划中提到"支持数字技术开源社区等创新联合体发展，完善开源知识产权和法律体系"。我们要提倡使用正版软件、维护知识产权，这也是我国保护知识产权、保持经济高速发展、建设创新型国家的需要。

任务 7.1 使用文件备份归档命令

学习任务

通过阅读文献、查阅资料，了解与认识 Linux 使用文件备份归档命令。首先要弄清楚两个概念：打包和压缩。打包是指将一大堆文件或目录变成一个总文件，压缩则是将一个大的文件通过压缩算法变成一个小文件。归档就是人们常说的"打包"，归档的好处是方便使用、查询、阅读和易于管理。利用 tar 命令就可以将多个文件或目录打包成一个扩展名为.tar 的文件，同时也可以将.tar 文件在指定位置进行解打包来还原文件。tar 命令本身只负责打包文件或目录，不负责压缩，但是 tar 命令可以调用其他压缩程序如 gzip、bzip2，在打包的同时对.tar 文件进行压缩，在解打包的同时进行解压缩。

（一）tar 命令简介

tar 命令是 UNIX 和 Linux 系统中备份归档文件的可靠方法，几乎可以工作于任何环境中，它的使用权限是所有用户。该命令的选项比较多，下面仅介绍部分常用的选项。更多选项的用法可以使用 man tar 或 tar --help 指令查询。

tar 命令的主要使用格式如下。

tar 选项 文件或目录列表

常用选项如表 7-1 所示。

表 7-1　tar 命令常用选项

选项	功能
-c	建立打包文件 （和-x、-t 选项不能同时使用）
-t	查看打包文件中的文件列表
-x	解打包文件
-j	通过 bzip2（压缩算法）的支持进行压缩或解压缩
-z	通过 gzip（压缩算法）的支持进行压缩或解压缩
-v	在压缩或解压缩的过程中，将正在处理的文件名显示出来
-f 文件名	-f 后面是打包或压缩的文件名
-C 目录	指定解打包或解压缩的目录，默认为当前目录

注意说明：

1. 以上选项前面的横杠"-"可以省略；
2. 如果已经将文件压缩打包，那么就不能追加；如果只是打包就可以追加；
3. 选项顺序，最好把-f 选项放在所有选项的后面

（二）tar 命令打包和压缩

1. 用 tar 命令实现打包

其基本使用格式如下。

```
tar   [-cv] [-f 打包文件] 被打包的文件或目录名称...
```

常用的选项组合为：

```
tar   -cvf   filename.tar 被打包的文件或目录名称...
```

filename.tar 是要生成的文件名。tar 命令不会自动产生文件名，一定要自己定义。

【例 7-1】在当前用户的主目录中有 2 个文件 test1.txt 和 test2.txt，将它们进行打包，文件名为 test.tar，并存放到 tmpfile 目录中。

执行打包的 tar 命令。

```
[root@localhost~]# ls
test1.txt    test2.txt    tmpfile
[root@localhost  ~]# tar  –cvf  tmpfile/test.tar   test1.txt   test2.txt
test1.txt
test2.txt
```

tar 命令可对多个文件同时进行打包，多个文件用空格分隔。

查看打包结果文件。

```
[root@ localhost   tmpfile]# ls
test.tar
```

在上述示例中，选项 c 表示创建打包文件；选项 v 表示在打包过程中将正在处理的文件名动态地显示出来；选项 f 后面是生成的文件名或其存放路径（tmpfile/test.tar）；文件 test1.txt 和 test2.txt 是被打包的文件。

【例 7-2】在当前用户的主目录中有 2 个目录 dir1 和 dir2，目录中分别有文件 test1.txt 和 test2.txt，将这 2 个目录进行打包，文件名为 dir.tar，并存放到 tmpfile 目录中。

执行打包的 tar 命令。

```
[root@localhost~]# ls
dir1    dir2   tmpfile
[root@localhost   ~]# tar   -cvf   tmpfile/dir.tar    dir1    dir2
dir1/
dir1/test1.txt
dir2/
dir2/test2.txt
```

tar 命令可对多个目录同时进行打包，多个目录用空格分隔。

查看打包结果文件。

```
[root@localhost~]# ls  tmpfile
dir.tar
```

【例 7-3】在当前用户的主目录中有 1 个文件 test1.txt 和 1 个目录 dir1，在目录 dir1 中有文件 test1.txt，将这些目录和文件进行打包，文件名为 testdir.tar，并存放到/tmpfile 目录中。

执行打包的 tar 命令。

```
[root@localhost~]# ls
dir1    dir2   tmpfile  test1.txt
[root@localhost   dir]# ls
```

Linux 操作系统基础与应用（RHEL 8.1）（第 2 版）

test1.txt

[root@localhost~]# tar   -cvf   tmpfile/testdir.tar   test1.txt   dir1

test1.txt

dir1/

dir1/test1.txt

tar 命令可对多个文件和目录同时进行打包，多个文件以及目录间用空格分隔。

查看打包结果文件。

[root@localhost~]# ls   tmpfile/

testdir.tar

2. 用 tar 命令实现打包与压缩同时进行

基本使用格式如下。

tar   [-cv] [-j|-z] [-f 压缩文件] filename...

常用的选项组合如下。

tar –cvjf filename.tar. bz2   被压缩的文件或目录名称

tar –cvzf filename.tar. gz   被压缩的文件或目录名称

filename.tar.gz 和 filename.tar.bz2 是要生成的文件名。tar 不会自动产生文件名，一定要自己定义。

如果选项是-j，代表有 bzip2 压缩算法的支持，因此文件名最好取为*.tar.bz2；如果选项是-z，则代表有 gzip 压缩算法的支持，那文件名最好取为*.tar.gz。这样，有没有压缩，用哪种算法进行压缩，可以通过文件的扩展名反映出来。gzip 压缩格式，压缩速度快；bzip2 压缩格式，压缩效率高。Linux 中的扩展名和 Windows 中的扩展名不是同一个概念，Linux 中的文件扩展名仅仅是为了方便用户理解文件的类型，并不代表文件的类型。

【例 7-4】在当前用户的主目录中有 2 个文件 test1.txt 和 test2.txt，2 个目录 dir1 和 dir2，在目录 dir1 和 dir2 中也分别有文件 test1.txt 和 test2.txt，将这些目录和文件进行压缩，使用-z 选项，文件名为 testdir.tar.gz，并存放到 tmpfile 目录中。

执行压缩的 tar 命令。

[root@localhost~]# ls

dir1   dir2   tmpfile test1.txt   test2.txt

[root@localhost   ~] # tar   –cvzf   tmpfile/testdir.tar.gz   test1.txt   test2.txt   dir1   dir2

test1.txt

test2.txt

dir1/

dir1/test1.txt

dir2/

dir2/test2.txt

tar 命令可以对多个文件和目录进行压缩，多个文件以及目录间用空格分隔。

查看打包结果文件。

[root@localhost~]#ll   tmpfile

-rw-r--r--. 1 root root 195 2 月   4 05:05 testdir.tar.gz

在例 7-4 中，选项-z 表示使用 gzip 压缩算法进行压缩。如果改用 bzip2 压缩算法，命令为 tar – cvjf tmpfile/testdir.tar.bz2 test1.txt test2.txt dir1 dir2

【例 7-5】使用 tar 命令对/etc 目录进行打包压缩，使用选项-z，文件名为 etc.tar.gz，并存放到 tmpfile 目录下。

执行打包压缩的 tar 命令。

```
[root@localhost~]# tar   -cvzf   tmpfile/etc.tar.gz   /etc
```

查看打包压缩结果。

```
[root@localhost~]# ll   tmpfile
-rw-r--r--. 1 root root 6998990 2 月   4 05:30   etc.tar.gz
```

在例 7-5 中，选项-z 表示使用 gzip 压缩算法进行压缩。如果改用 bzip2 压缩算法，命令为 tar -cvjf tmpfile/etc.tar.bz2 /etc

（三）tar 命令解打包和解压缩

1. 用 tar 命令实现解打包

其基本使用格式如下。

```
tar   [-xv] [-f   打包文件] [-C 目录]
```

常用的选项组合如下。

```
tar -xvf filename.tar   -C   欲解打包与解压缩的目录
```

【例 7-6】将例 7-1 中打包的文件 test.tar 解打包到 tmpfile 目录中。

```
[root@localhost~]#tar   -xvf   tmpfile/test.tar   -C   tmpfile/
test1.txt
test2.txt
[root@localhost   ~]#ls tmpfile/
test1.txt   test2.txt
```

2. 用 tar 命令实现解打包和解压缩同时进行

其基本使用格式如下。

```
tar   [-j|-z] [-xv] [-f 压缩文件] [-C 目录]
```

常用的选项组合如下。

```
tar –zxvf   filename.tar.gz   -C   欲解打包与解压缩的目录
tar –jxvf   filename.tar.bz2   -C   欲解打包与解压缩的目录
```

【例 7-7】将例 7-5 中打包压缩的文件 etc.tar.gz 解压缩到当前目录中。

执行如下命令。

```
[root@localhost~]#tar   -zxvf   tmpfile/etc.tar.gz
```

此时没有指定解压缩的路径，则打包压缩的文件 etc.tar.gz 会被解压缩到当前目录中。

【例 7-8】将例 7-5 中打包压缩的文件 etc.tar.gz 解压缩到目录 tmpfile 中。

执行如下命令。

```
[root@localhost~]# tar   -zxvf   tmpfile/etc.tar.gz   –C   tmpfile/
```

如果要将打包压缩文件解压缩到指定目录中，需要使用-C 选项。

任务 7.2 使用归档管理器

学习任务

通过阅读文献、查阅资料，了解与认识 Linux 归档管理器。Linux 系统中对文件及目录的打包、压缩、解打包和解压缩等操作，除了可以使用命令的方式，也可以使用图形化界面的方式来进行操作。

（一）归档管理器简介

File Roller 是 GNOME 桌面环境的默认归档管理器，不支持插件设置，允许用户创建一个压缩包，查看压缩文件的内容，解压压缩包的内容到用户所选定的目录。它能处理多种格式，包括 tar、gzip、bzip2、zip、rar 和 7z 等。

在命令行输入 file-roller，即可启动归档管理器，如图 7-1 所示。

```
[user@localhost~]# file-roller
```

图 7-1 归档管理器

在图 7-1 中，可选择文件或目录进行打包、压缩处理，也可以选择打包文件或压缩文件进行解打包或解压缩处理。

（二）归档管理器压缩

归档管理器是一种用图形化方式进行打包、压缩、解打包和解压缩的实用程序。

【例 7-9】将例 7-1 中的 2 个文件用归档管理器进行压缩处理。

具体操作步骤如下。

（1）在命令行输入 file-roller，启动归档管理器，弹出"归档管理器"界面，如图 7-1 所示。

在"归档管理器"界面中单击文件图标 →"新建归档",弹出"新建归档文件"对话框,在"文件名"文本框中输入 test 还可以选择不同的压缩格式,在这选择.tar.gz,也可选择.tar 打包。在"位置"列表框中选择"root",操作结果如图 7-2 所示。

图 7-2　新建归档文件

（2）在图 7-2 所示界面中单击"创建"按钮,弹出"test.tar.gz"界面,显示要打包到 test.tar 的文件列表,默认为空,如图 7-3 所示。

图 7-3　压缩文件列表（1）

（3）在图 7-3 所示界面中,单击"+"→"添加文件",弹出"添加文件"对话框,选择要打包的文件 test1.txt 和 test2.txt,如图 7-4 所示。

图 7-4　选择预压缩文件

（4）在图 7-4 所示对话框中单击"添加"按钮，回到"test.tar.gz"界面。此时成功创建压缩文件 test.tar.gz，压缩文件列表显示在界面中，如图 7-5 所示。

图 7-5　压缩文件列表（2）

（三）归档管理器解压缩

【例 7-10】使用归档管理器将例 7-9 中创建的打包文件 test.ta.gz 解压缩，解压缩的文件存放到目录 tmpfile 中。

具体操作步骤如下。

（1）在命令行输入 file-roller，启动归档管理器，弹出"归档管理器"界面，如图 7-1 所示。在"归档管理器"界面中单击文件图标→"打开"，弹出"打开"对话框，在左侧列表可选择文件目录，在这选择主目录，然后在文件列表框中选择文件 test.tar.gz，如图 7-6 所示。

图 7-6　选择 test.tar.gz 文件

（2）在图 7-6 所示对话框中单击"打开"按钮，回到"test.tar.gz"界面，显示压缩文件中的文件，如图 7-7 所示。

图 7-7　解压缩文件列表

（3）在图 7-7 所示界面中，单击工具栏中的"提取"按钮，弹出"提取"对话框，选择存放位置为 tmpfile，操作结果如图 7-8 所示，最后单击"提取"按钮，弹出"提取成功完成"对话框，选择完成或者显示文件皆可。完成对 test.tar.gz 文件的解压缩操作。

图 7-8　选择解压缩位置

任务 7.3　使用 RPM 管理软件包

学习任务

通过阅读文献、查阅资料，了解与认识 Linux RPM 管理软件包。Linux 发行版提供了功能强大的软件包管理工具协助用户高效管理软件。

Linux 中常见的软件包分为两种：源码包和二进制包。源码包是指编程人员编写的代码文件没有经过编译的包，需要经过 GCC、Java 等编译器编译后变成二进制包，才能在系统上安装使用。源码包一般是扩展名为.tar.gz、.zip、.rar 的文件。二进制包是指已经编译好的，可以直接安装使用的包，用户需要根据自己的计算机 CPU 以及操作系统去选择合适的版本，如扩展名为.rpm 的文件。RPM 软件包文件名的一般格式为：name-version1-version2-arch.rpm。例如 xlockmore-5.31-2.e16.x86_64.rpm，其文件名格式如图 7-9 所示。

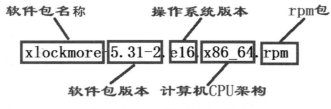

图 7-9　RPM 软件包文件名格式

（一）rpm 命令简介

RPM 是红帽子软件包管理器（Red Hat package manager）的英文缩写，RPM 软件管理机制是由 Red Hat 公司开发的。RPM 主要功能包括查询软件包、安装软件包、升级软件包、删除软件包和检验软件包等管理操作，通过 rpm 命令使用不同选项来实现各个功能。但是 RPM 管理软件的依赖关系严重，在安装、升级、卸载时都需要先处理软件的依赖软件。

（二）rpm 命令的使用

rpm 命令功能繁多，这里对常见的查询、安装和删除功能进行介绍。

1. 使用 rpm 命令查询软件包

rpm 命令可以查询系统中已安装的所有软件包，也可以查询指定软件包是否已安装，包括可以根据关键词模糊查询软件包是否已安装。查询的地方是在/var/lib/rpm 目录下的数据库文件。

rpm 命令查询软件包的基本格式如下。

rpm　-q [选项]　[软件包名称]

常用选项如表 7-2 所示。

表 7-2　rpm 命令常用选项

选项	功能
-a	查询系统中所有已安装的软件包名称
-i	查询软件包的版本等信息
-l	查询软件的所有文件和目录
-f	查询文件所属软件包
-c	查询软件的所有配置文件
-d	查询软件的所有说明文件
-R	查询与该软件有关的依赖软件包所包含的文件

【例 7-11】查询 Linux 系统中是否安装 firefox-68.1.0-1.el8_0.x86_64 软件包。

firefox-68.1.0-1.el8_0.x86_64 软件包在 RHEL8.1 中是默认安装的，其版本是 68.1.0，可以按照下面的方法进行查询。

```
[root@localhost ~]# rpm  -q   firefox-68.1.0-1.el8_0.x86_64
firefox-68.1.0-1.el8_0.x86_64
```

上面的结果显示，已经成功安装软件包 firefox-68.1.0-1.el8_0.x86_64。

如果不清楚软件的版本号，可以根据一些关键词，结合-a 选项、管道命令及 grep 指令进行模糊查询。如查询与 firefox 有关的软件包，可执行如下命令。

```
[root@localhost ~]# rpm -qa |grep firefox
firefox-68.1.0-1.el8_0.x86_64
```

上面的结果显示，系统中已安装的与 firefox 有关的软件包只有一个。

【例 7-12】查询 Linux 系统中 firefox-68.1.0-1.el8_0.x86_64 软件包的详细信息。

利用-qi 选项进行全部信息的查询。

```
[root@localhost ~]# rpm -qi firefox-68.1.0-1.el8_0.x86_64
Name         : firefox
Version      : 68.1.0
Release      : 1.el8_0
Architecture: x86_64
Install Date: 2023 年 01 月 26 日  星期四  19 时 43 分 53 秒
Group        : Unspecified
Size         : 301586176
License      : MPLv1.1 or GPLv2+ or LGPLv2+
Signature    : RSA/SHA256, 2019 年 08 月 29 日  星期四  08 时 15 分 20 秒, Key ID 199e2f91fd431d51
Source RPM   : firefox-68.1.0-1.el8_0.src.rpm
Build Date   : 2019 年 08 月 29 日  星期四  03 时 51 分 37 秒
Build Host   : x86-vm-08.build.eng.bos.redhat.com
Relocations  : (not relocatable)
Packager     : Red Hat, Inc. <http://bugzilla.redhat.com/bugzilla>
Vendor       : Red Hat, Inc.
URL          : https://www.mozilla.org/firefox/
Summary      : Mozilla Firefox Web browser
Description :
Mozilla Firefox is an open-source web browser, designed for standards
compliance, performance and portability.
```

如果只想查询安装日期，可结合 grep 指令进行精确查询。如查询 firefox 软件包的安装日期，可执行如下命令。

```
[root@localhost ~]# rpm -qi   firefox-68.1.0-1.el8_0.x86_64   | grep "Install Date"
Install Date: 2023 年 01 月 26 日  星期四  19 时 43 分 53 秒
```

上面的结果显示,firefox-68.1.0-1.el8_0.x86_64 软件包的安装日期是:2023 年 01 月 26 日 星

期四 19 时 43 分 53 秒。

【例 7-13】查询 Linux 系统中 firefox-68.1.0-1.el8_0.x86_64 软件包相关文件和目录。利用-ql 选项进行查询。

```
[root@localhost ~]# rpm    -ql firefox-68.1.0-1.el8_0.x86_64
/etc/firefox
/etc/firefox/pref
......
/usr/share/man/man1/firefox.1.gz
/usr/share/mozilla/extensions/{ec8030f7-c20a-464f-9b0e-13a3a9e97384}
```

2. 使用 rpm 命令安装软件包

使用 rpm 命令安装软件包，首先需要下载合适的 RPM 包到本地，然后直接使用 RPM 工具安装。获取 RPM 包可以通过 Red Hat 光盘，也可以通过相应软件官方网站。建议不要跨版本号安装软件包，尽量使用当前版本自带软件包安装。

rpm 命令安装软件包，其基本格式如下。

rpm   -i[选项] <软件包名称>

rpm 命令安装软件包常用选项如表 7-3 所示。

表 7-3 rpm 命令安装软件包常用选项

选项	功能
-i	install，安装软件包
-v	显示更详细的安装过程信息
-h	显示安装进度
--nodeps	不检测依赖安装，该选项不建议使用
--force	强制安装，不管软件是否存在都强制安装（修复软件）
--prefix	指定安装路径，不按照默认路径安装

说明：还有重复安装软件、覆盖写入方式等安装选项。通常建议直接使用-ivh，如果安装的过程中发现问题，尽量定位问题，而不是使用"暴力安装"（通过--force 强制安装），因为可能会发生很多不可预期的问题

【例 7-14】安装 RHEL 8.1 安装光盘中的 FTP 服务器软件包。

RHEL 8.1 的 FTP 服务器软件包名为 vsftpd-3.0.3-28.el8.x86_64.rpm，路径为安装光盘根目录下的 Packages 目录。先进入安装光盘的 Packages 目录，执行如下命令。

```
[root@localhost ~]# cd    /media/AppStream/Packages/
[root@localhost Packages]# rpm -ivh vsftpd-3.0.3-28.el8.x86_64.rpm
警告：vsftpd-3.0.3-28.el8.x86_64.rpm: 头 V3 RSA/SHA256 Signature, 密钥 ID fd431d51: NOKEY
Verifying...                        ################################# [100%]
准备中...                          ################################# [100%]
 软件包  vsftpd-3.0.3-28.el8.x86_64 已经安装
```

上面的结果显示，FTP 服务器软件包已经安装成功。

3. 使用 rpm 命令删除软件包

rpm 命令可以删除软件包，其基本格式如下。

rpm – e   <软件名称>

【例 7-15】 将例 7-14 安装的 vsftpd-3.0.3-28.el8.x86_64.rpm 软件包删除。

[root@localhost Packages]#   rpm   -e   vsftp-3.0.3

在对软件包进行删除的时候，在选项-e 后只需写出软件名和版本号就可以了。

【例 7-16】 删除 Linux 系统中的 httpd-2.4.3 服务器软件包。

[root@localhost Packages]#rpm   -e   httpd-2.4.3

error: Failed dependencies:

httpd >= 2.4.3 is needed by (installed) gnome-user-share-2.28.2-3.el6.i686

部分软件包在安装的时候由于依赖关系不能删除，这时需要将存在依赖关系的软件包先删除，或使用选项--nodeps，才能将该软件包删除。

[root@localhost Packages]# rpm   -e   --nodeps   httpd-2.4.3

一般情况下，不采用强制方式删除软件包。在本例中，强制删除 httpd-2.4.3 软件包，则与这个软件包有依赖关系的 gnome-user-share 软件将不能使用。

任务 7.4　使用 YUM（DNF）管理软件包

学习任务

通过阅读文献、查阅资料，了解与认识 Linux YUM 管理软件包。一般来说，一个软件可以由一个独立的 RPM 软件组成，也可以由多个 RPM 的软件包组成。多数情况下，安装一个软件需要使用许多软件包，而大部分的 RPM 软件包相互之间又有依赖关系。使用 rpm 命令安装软件包时，需要手动寻找安装该软件包所需要的一系列依赖关系。当软件包需要卸载时，可能卸载了某个依赖关系导致其他软件不能用。那么有没有一种更加简单、更加人性化的软件包安装方法呢？为了进一步降低软件包安装的难度和复杂度，YUM 应运而生。

（一）YUM 简介

YUM（yellow dog updater modified，黄狗更新器）是一个在 Fedora 和 Red Hat 以及 CentOS 中的 Shell 前端软件包管理器。YUM 基于 RPM 包管理，能够从指定的服务器上自动下载 RPM 软件包，自动升级、安装和卸载 RPM 软件包，自动检查依赖性并一次安装所有依赖的软件包，无须一次次下载、安装。

YUM 主要有以下几个特点。

- 自动解决软件包的依赖性问题，能更方便地添加、删除、更新 RPM 软件包。
- 便于管理大量系统的更新问题。
- 可以同时配置多个资源库。
- 拥有简洁的配置文件（/etc/yum.conf）。
- 能保持与 RPM 数据库的一致性。
- 有一个比较详细的日志文件，可以查看何时升级、安装了什么软件包等。

（二）YUM/DNF 工作原理

YUM/DNF 基于 C/S（client/server，客户-服务器）模式，YUM 服务器存放 RPM 包和相关包的元数据库，YUM 客户端访问 YUM 服务器进行安装或查询等。

YUM 实现过程如下。

先在 YUM 服务器上创建 YUM 仓库，在仓库中事先存储了众多 RPM 包，以及包的相关的元数据文件（放置于特定目录 repodata 下），当 YUM 客户端利用 YUM/DNF 工具安装包时，会自动下载 repodata 中的元数据，查询元数据是否存在相关的包及依赖关系，自动从仓库中找到相关包下载并安装。

YUM 服务器的仓库存在多种形式。

- file:// 本地路径
- http://
- https://
- ftp://

注意：YUM 仓库指向的路径必须是 reported 目录所在目录。

（三）YUM 仓库配置

RHEL 8.1 提出了一个新的设计理念，即应用程序流（AppStream），这样就可以更加轻松地升级用户控件软件包，同时保留核心操作系统软件包。AppStream 允许在独立的生命周期中安装其他版本的软件，并使操作系统保持最新。这使用户能够安装同一个程序的多个主要版本。

REHL 8.1 软件源分成两个主要仓库：BaseOS 和 AppStream。

BaseOS 以传统 RPM 软件包的形式提供操作系统底层软件的核心集，是基础软件安装库。

AppStream 包括额外的用户空间应用程序、运行时语言和数据库，以支持不同的工作负载和用例。AppStream 中的内容有两种格式——RPM 格式和称为模块的 RPM 格式扩展。

【例 7-17】配置本地 YUM 源。

创建挂载 ISO 映像文件的文件夹。/media 一般是系统安装时建立的，读者可以不用新建文件夹，直接使用该文件夹。但如果想把 ISO 映像文件挂载到其他文件夹，则应新建文件夹。

（1）新建配置文件/etc/yum.repos.d/dvd.repo。

```
[root@localhost ~]# vi   /etc/yum.repos.d/dvd.repo
[root@localhost ~]# cat   /etc/yum.repos.d/dvd.repo
[Media]    # 唯一标识符，不能重复
name=Media  # 仓库名称，可任意取名
baseurl=file:///media/BaseOS   # 提供的方式，file://是本地仓库，http://是网络仓库
gpgcheck=0    # 是否可用，取值为 1 表示启用，取值为 0 表示不启用
enabled=1   #是否校验，取值为 1 表示要检验，取值为 0 表示不检验


[rhel8-AppStream]    # 在 RHEL 8 中还要配置 AppStream 仓库
name=rhel8-AppStream
```

```
baseurl=file:///media/AppStream
gpgcheck=0
enabled=1
```

注意：baseurl 语句的写法，baseurl=file:///media/BaseOS 中 ":" 后有 3 个 "/"。

（2）挂载 ISO 映像文件（保证/media 存在）。

```
[root@localhost ~]# mount /dev/cdrom    /media
mount: /media: WARNING: device write-protected, mounted read-only.
```

（3）清除缓存并建立元数据缓存。

```
[root@localhost ~]# yum clean all       # 清除缓存
[root@localhost ~]# yum    makecache    # 建立元数据缓存
```

（4）查看在用的 YUM 源。

```
[root@localhost ~]# yum repolist all
Updating Subscription Management repositories.
Unable to read consumer identity
This system is not registered to Red Hat Subscription Management. You can use subscription-manager to register.
上次元数据过期检查：0:00:10 前，执行于 2023 年 03 月 11 日 星期六 03 时 41 分 09 秒。
仓库标识                仓库名称                                          状态
Media                   Media                                             启用: 1,661
rhel8-AppStream         rhel8-AppStream                                   启用: 4,820
```

（四）yum 命令的使用

在 RHEL 8 中，yum 命令与 dnf 命令是一样的，dnf 命令更好地解决了软件依赖问题，但在 RHEL 8.1 中，作为 YUM 堆栈部分的 dnf-utils 软件包被重命名为 yum-utils。出于兼容性的原因，仍然可以使用 dnf-utils 安装软件包，并在升级系统时自动替换原始软件包。

常见的 yum 命令如表 7-4 所示。

表 7-4   常见的 yum 命令

命令	功能
yum repolist all	列出所有仓库
yum list all	列出仓库中的所有软件包
yum info 软件包名称	查询软件包信息
yum install 软件包名称	安装软件包
yum reinstall 软件包名称	重新安装软件包
yum update 软件包名称	升级软件包
yum remove 软件包名称	移除软件包
yum clean all	清除所有仓库缓存
yum check-update	检查可更新的软件包
yum grouplist	查看系统中已经安装的软件包组

命令	功能
yum groupinstall 软件包组	安装指定的软件包组
yum groupmove 软件包组	移除指定的软件包组
yum groupinfo 软件包组	查询指定的软件包组信息

【例 7-18】使用 yum 命令查询 Linux 系统中 firefox-68.1.0-1.el8_0.x86_64 软件包的信息。

```
[root@localhost ~]# yum info firefox-68.1.0-1.el8_0.x86_64
Updating Subscription Management repositories.
Unable to read consumer identity
This system is not registered to Red Hat Subscription Management. You can use subscription-manager to register.
上次元数据过期检查：0:02:35 前，执行于 2023 年 03 月 11 日 星期六 05 时 04 分 24 秒。
已安装的软件包
名称         : firefox
版本         : 68.1.0
发布         : 1.el8_0
架构         : x86_64
大小         : 288 M
源           : firefox-68.1.0-1.el8_0.src.rpm
仓库         : @System
来自仓库     : AppStream
概况         : Mozilla Firefox Web browser
URL          : https://www.mozilla.org/firefox/
协议         : MPLv1.1 or GPLv2+ or LGPLv2+
描述         : Mozilla Firefox is an open-source web browser, designed for standards
             : compliance, performance and portability.
```

【例 7-19】使用 yum 命令安装 RHEL 8.1 安装光盘中的 FTP 服务器软件包。

```
[root@localhost ~]# yum install vsftpd
Updating Subscription Management repositories.
Unable to read consumer identity
This system is not registered to Red Hat Subscription Management. You can use subscription-manager to register.
上次元数据过期检查：0:05:51 前，执行于 2023 年 03 月 11 日 星期六 05 时 04 分 24 秒。
软件包 vsftpd-3.0.3-28.el8.x86_64 已安装。
依赖关系解决。
无须任何处理。
完毕！
```

上面的结果显示，已经成功安装软件包 vsftpd-3.0.3-28.el8.x86_64。

【例 7-20】使用 yum 命令删除 FTP 服务器软件包。

```
[root@localhost ~]# yum remove vsftpd
Updating Subscription Management repositories.
```

Unable to read consumer identity

This system is not registered to Red Hat Subscription Management. You can use subscription-manager to register.

模块依赖问题

问题 1: conflicting requests

- nothing provides module(perl:5.26) needed by module perl-DBD-SQLite:1.58:8010020190322125518:073fa5fe-0.x86_64

问题 2: conflicting requests

- nothing provides module(perl:5.26) needed by module perl-DBI:1.641:8010020190322130042:16b3ab4d-0.x86_64

依赖关系解决。

软件包	架构	版本	仓库	大小
移除:				
vsftpd	x86_64	3.0.3-28.el8	@AppStream	356 k
事务概要				

移除   1 软件包

将会释放空间：356 k

确定吗？[y/N]：y

运行事务检查

事务检查成功。

运行事务测试

事务测试成功。

运行事务

准备中   :   1/1

运行脚本: vsftpd-3.0.3-28.el8.x86_64   1/1

删除   : vsftpd-3.0.3-28.el8.x86_64   1/1

运行脚本: vsftpd-3.0.3-28.el8.x86_64   1/1

验证   : vsftpd-3.0.3-28.el8.x86_64   1/1

Installed products updated.

已移除：

vsftpd-3.0.3-28.el8.x86_64

完毕！

项目小结

（1）tar 命令是 UNIX/Linux 系统中用于备份归档文件的可靠方法，几乎可以工作于任何环境中，它的使用权限是所有用户。

（2）File Roller 是 GNOME 桌面环境的默认归档管理器。使用 File Roller 用户创建一个压缩包，查看压缩文件的内容，解压压缩包的内容到用户所选定的目录。

（3）黄狗更新器（yellow dog updater modified，YUM）是一个在 Fedora 和 RedHat 以及 CentOS 中的 Shell 前端软件包管理器。YUM 基于 RPM 包管理，能够从指定的服务器上自动下载 RPM 软件包，自动升级、安装和卸载 RPM 软件包，自动检查依赖性并一次安装所有依赖的软件包，无须一次次下载、安装。

项目实训　软件包管理综合实训

1. 实训目的
（1）掌握 tar 命令的使用方法。
（2）掌握归档管理器的使用方法。
（3）掌握 RPM 命令的使用方法。
（4）掌握 YUM 仓库的配置和命令的使用方法。

2. 实训内容
（1）使用 tar 命令，加入选项-z（压缩）来打包并压缩/home 目录为文件 home.tar.gz，存放到/tmp 目录下。
（2）使用 tar 命令查看上面的操作中打包并压缩的文件 home.tar.gz 的内容。
（3）使用 tar 命令将上面的操作中打包并压缩的文件 home.tar.gz 解压缩到目录/tmp 中。
（4）使用归档管理器打包并压缩/etc 目录，存放到/var 目录下。
（5）使用归档管理器查看上面的操作中打包并压缩的文件 home.tar.gz 的内容。
（6）使用归档管理器将上面操作中产生的打包并压缩的文件 home.tar.gz 解打包解压缩，产生的文件夹 home 存放到/var 目录下。
（7）找出 Linux 系统中是否安装有 logrotate 软件。
（8）列出软件 logrotate 所提供的所有目录与文档。
（9）列出 logrotate 软件的相关说明数据。
（10）卸载 logrotate 软件包。

综合练习

1. 选择题
（1）如果要将当前目录中的文件 test1.txt 和 test2.txt 打包成 test.tar，存放到/tmp 目录中，应该使用（　　）命令来实现。

    A. tar -cvf /tmp/test.tar test1.txt test2.txt

    B. tar -cvf test1.txt test2.txt /tmp/test.tar

    C. tar -cvzf /tmp/test.tar test1.txt test2.txt

    D. tar -cvzf test1.txt test2.txt /tmp/test.tar

（2）如果要将/tmp 目录中的打包文件 test.tar 解打包存放到当前目录中，应该使用（　　）命令来实现。

    A. tar -cvf /tmp/test.tar   B. tar –xvf /tmp/test.tar

    C. tar -cvzf /tmp/test.tar   D. tar -xvzf /tmp/test.tar

（3）如果要将当前目录中的文件 file1 和 file2 压缩成文件 test.tar.gz，存放到/tmp 目录中，应该使用（　　）命令来实现。

  A.　tar -cvf /tmp/file.tar file1 file2   B.　tar -cvf file1 file2 /tmp/test.tar

  C.　tar -cvzf /tmp/test.tar.gz file1 file2 D.　tar -cvzf file1 file2 /tmp/test.tar

（4）如果要将/tmp 目录中的压缩包文件 file.tar.gz 解压缩存放到当前目录中，应该使用（　　）命令来实现。

  A.　tar -cvf /tmp/file.tar.gz   B.　tar -xvf /tmp/file.tar.gz

  C.　tar -cvzf /tmp/file.tar.gz   D.　tar -xvzf /tmp/file.tar.gz

（5）命令 rpm -e vsftpd 的作用是（　　）。

  A.　安装软件包 vsftpd   B.　升级软件包 vsftpd

  C.　卸载软件包 vsftpd   D.　查询软件包 vsftpd

（6）命令 yum reinstall firefox 的作用是（　　）。

  A.　安装软件包 firefox   B.　升级软件包 firefox

  C.　卸载软件包 firefox   D.　查询软件包 firefox

2. 填空题

（1）tar 命令可对文件及目录进行_____、_____、_____和_____操作。

（2）Linux 的软件包的扩展名主要有_____、_____、_____这 3 种格式。

（3）查询系统中所有安装软件的命令格式为：_____。

3. 简答题

（1）对文件、目录进行打包和压缩有何异同？

（2）如何查询 Linux 系统中以字母 c 开头的软件？

（3）如何知道 RHEL 8.1 系统中的配置文件/etc/samba/smb.conf 是由哪个软件安装的？

项目

使用Linux应用软件

08

【项目导入】

用户在使用 Linux 时，需要掌握其中的一些常见的应用软件。本项目重点介绍 LibreOffice 办公套件，然后介绍电子文档阅读软件，接着介绍网络应用及媒体软件，主要包括网页浏览器、媒体播放器等，最后详细介绍编程语言 Python。

【项目要点】

① LibreOffice 办公套件。
② 电子文档阅读软件。
③ 网页浏览器。
④ 媒体播放器。
⑤ 截图工具。
⑥ GIMP 工具。
⑦ Python 开发环境。
⑧ 图形化开发工具。

【素养提升】

软件是新一代信息技术的灵魂，是数字经济发展的基础，是制造强国、质量强国、网络强国、数字中国建设的关键支撑。完善科技创新体系，坚持创新在我国现代化建设全局中处于核心地位。

任务 8.1　认识办公套件 LibreOffice

学习任务

通过阅读文献、查阅资料，了解与认识 Linux 常用办公套件 LibreOffice。LibreOffice 是一款功能强大的国际化开源项目办公软件，默认使用开放文档格式（open document format，ODF），并支持*.docx、*.xlsx、*.pptx 等其他格式。它包含 Writer、Calc、Impress、Draw、Base 以及 Math 等组件，可用于处理文本文档、电子表格、演示文稿、绘图以及公式编辑。它还支持许多非开放格式，如微软的 Word、Excel、PowerPoint 以及 Publisher 等格式。它可以运行于 Windows、GNU/Linux 以及 macOS 等操作系统上，并具有一致的用户体验。

（一）安装办公套件 LibreOffice

LibreOffice 采用对企业和个人用户均免费的授权协议，可以使用 LibreOffice Basic、Python、C/C++、Java 等多种编程语言为 LibreOffice 开发、扩展程序。LibreOffice 的安装过程非常简单，直接去官网下载 LibreOffice 的 Linux 版本 RPM 安装包。把下载好的安装包复制到安装目录下，然后解压缩安装即可。具体安装步骤如下。

（1）解压缩 LibreOffice 安装包，使用命令如下。

```
tar -xzvf   LibreOffice_7.4.2_Linux_x86-64_rpm.tar.gz
```

（2）解压缩后生成一个名为 zh-CN 的文件夹，在 zh-CN 文件夹里包含 RPMS 文件夹，其中存放了解压缩的相关 RPM 文件。

```
[root@localhost LibreOffice_7.4.2.3_Linux_x86-64_rpm]# cd RPMS
[root@localhost RPMS]# ls
libobasis7.4-base-7.4.2.3-3.x86_64.rpm
libobasis7.4-calc-7.4.2.3-3.x86_64.rpm
libobasis7.4-core-7.4.2.3-3.x86_64.rpm
libobasis7.4-draw-7.4.2.3-3.x86_64.rpm
libobasis7.4-en-US-7.4.2.3-3.x86_64.rpm
libobasis7.4-extension-beanshell-script-provider-7.4.2.3-3.x86_64.rpm
libobasis7.4-extension-javascript-script-provider-7.4.2.3-3.x86_64.rpm
libobasis7.4-extension-mediawiki-publisher-7.4.2.3-3.x86_64.rpm
…
```

（3）运行安装命令 rpm -ivh *.rpm，结果如图 8-1 所示。

和 LibreOffice 相关的安装包有"主安装程序""语言包""离线帮助包"。若要使用中文界面，还要同时下载中文语言包 LibreOffice_4.x.x_Linux_x86_rpm_langpack_zh-CN 和中文离线帮助文件 LibreOffice_4.x.x_Linux_x86_rpm_helppack_zh-CN，解压缩后安装命令如下。

```
$ cd ~/下载
$ sudo yum install ./LibreOffice_4.x.x_Linux_x86_rpm/RPMS/*.rpm
$ sudo yum install ./LibreOffice_4.x.x_Linux_x86_rpm_langpack_zh-CN/RPMS/*.rpm
```

```
[root@localhost RPMS]# rpm -ivh *.rpm
Verifying...                          ############################### [100%]
准备中...                             ############################### [100%]
正在升级/安装...
   1:libreoffice7.4-ure-7.4.2.3-3      ###############################  [  2%]
   2:libobasis7.4-ooofonts-7.4.2.3-3   ###############################  [  5%]
   3:libobasis7.4-core-7.4.2.3-3       ###############################  [  7%]
   4:libobasis7.4-base-7.4.2.3-3       ###############################  [ 10%]
   5:libobasis7.4-impress-7.4.2.3-3    ###############################  [ 12%]
   6:libobasis7.4-writer-7.4.2.3-3     ###############################  [ 14%]
   7:libobasis7.4-calc-7.4.2.3-3       ###############################  [ 17%]
   8:libobasis7.4-draw-7.4.2.3-3       ###############################  [ 19%]
   9:libobasis7.4-en-US-7.4.2.3-3      ###############################  [ 21%]
  10:libobasis7.4-images-7.4.2.3-3     ###############################  [ 24%]
  11:libreoffice7.4-7.4.2.3-3          ###############################  [ 26%]
  12:libobasis7.4-math-7.4.2.3-3       ###############################  [ 29%]
  13:libobasis7.4-pyuno-7.4.2.3-3      ###############################  [ 31%]
  14:libobasis7.4-librelogo-7.4.2.3-3  ###############################  [ 33%]
  15:libreoffice7.4-math-7.4.2.3-3     ###############################  [ 36%]
  16:libreoffice7.4-base-7.4.2.3-3     ###############################  [ 38%]
  17:libreoffice7.4-calc-7.4.2.3-3     ###############################  [ 40%]
  18:libreoffice7.4-dict-en-7.4.2.3-3  ###############################  [ 43%]
  19:libreoffice7.4-dict-es-7.4.2.3-3  ###############################  [ 45%]
  20:libreoffice7.4-dict-fr-7.4.2.3-3  ###############################  [ 48%]
  21:libreoffice7.4-draw-7.4.2.3-3     ###############################  [ 50%]
  22:libreoffice7.4-en-US-7.4.2.3-3    ###############################  [ 52%]
  23:libreoffice7.4-impress-7.4.2.3-3  ###############################  [ 55%]
  24:libreoffice7.4-writer-7.4.2.3-3   ###############################  [ 57%]
```

图 8-1　运行命令 rpm –ivh *.rpm

（4）在安装完成之后，LibreOffice 启动后的界面如图 8-2 所示。

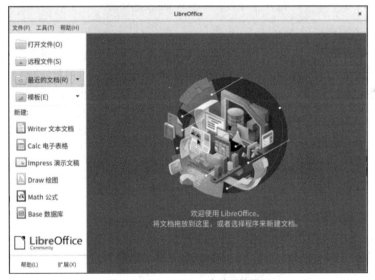

图 8-2　LibreOffice 启动后的界面

（二）使用文字处理器 LibreOffice Writer

LibreOffice Writer 用于设计和制作文本文档，其创建的文档可包含图形、表格和图表。用户可以将文档保存为各种格式，包括已经标准化的 ODF、微软的 DOC 或 DOCX 格式、HTML 网页格式、PDF 格式。

LibreOffice Writer 既可以用于创建各种基础性的文档，如备忘录、传真、信函、简历和合并文档等，也可以用于创建较为复杂的文档，甚至可以用于创建具有参考文献、交叉引用、目录及索引的多章节文档。LibreOffice Writer 具有如拼写检查、同义词库、自动更正、断词以及各种模板等有用的功能，可以使用"向导"创建模板。

LibreOffice Writer 启动后的文档编辑界面由"菜单栏""工具栏""文档编辑区"组成，如图 8-3 所示。通常用户使用"工具栏"的按钮即可完成一般文档的处理。

图 8-3　LibreOffice Writer 文档编辑界面

文档编辑区主要提供以下工具。

• 标准文件的向导。如信函、传真、会议议程，或执行更复杂的任务，如邮件合并向导等。用户不仅可以创建模板或从模板库里下载需要的模板，还可以根据需求创建自定义表格，或者通过系统自动生成表格。LibreOffice Writer 中的表格工具栏如图 8-4 所示。

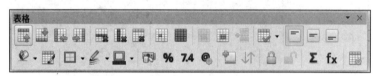

图 8-4　LibreOffice Writer 中的表格工具栏

• 高级样式和格式。该功能主要作用为自动生成目录或索引，也包含插图、表格、公式编辑器和其他功能，增强了文档的适用性。"格式"工具栏菜单提供处理文字的基本功能子菜单，如"样式""字体""字号""字符背景"等，如图 8-5 所示。此外，LibreOffice Writer 文档编辑模块还提供"公式编辑器"，如图 8-6 所示。

• 文本框架和链接。用于发布任务，如通信和传单，还提供注释功能，使阅读更加容易。

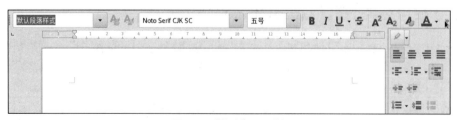

图 8-5　"格式"工具栏

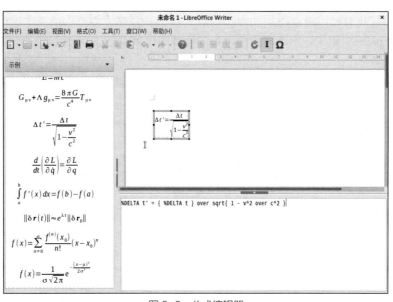

图 8-6　公式编辑器

- 表单工具。使用表单可以定义如何显示数据源中的数据。在一个文本文档可以插入控件，例如按钮和列表框等。在每个控件的属性对话框中可定义表单显示的数据。表单菜单如图 8-7 所示。

图 8-7　表单菜单

（三）使用演示文稿 LibreOffice Impress

办公套件 LibreOffice 的另一个软件就是幻灯片制作工具（Impress），它和 Windows 系统的 PowerPoint 软件类似。使用 LibreOffice Impress 可以创建专业的幻灯片，其中含有图表、绘图对象、文字、多媒体以及其他各种内容。还可以导入和修改 Microsoft PowerPoint 演示文稿。对于屏幕上的幻灯片放映，可以使用动画、幻灯片切换和多媒体等技术使演示文稿更加生动。LibreOffice Impress 提供了非常丰富的模板和各种动画效果，可以高效地帮助用户创建内容丰富的幻灯片。

在 LibreOffice Impress 中新建一个空白文档，打开后界面如图 8-8 所示。LibreOffice Impress 中新建的空白文档和 Windows 系统新建的 PPT 文档操作方式高度类似，在界面顶部是功能区，用户可以在功能区进行幻灯片制作相关功能的选择，如素材的插入、格式的调整或幻灯片放映等。

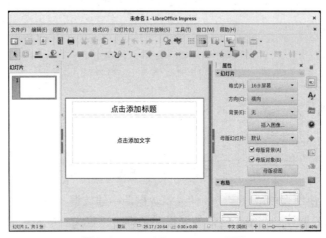

图 8-8　LibreOffice Impress 界面

LibreOffice Impress 提供以下几个主要功能。

（1）幻灯片制作。

LibreOffice Impress 提供幻灯片模板，用户可以从模板库中选取，也可以自定义模板。在创建的幻灯片中可以使用不同版式来添加多种媒体元素，设置各种动画效果，更改幻灯片的过渡效果等。

（2）幻灯片的视图。

在查看幻灯片时，LibreOffice Impress 提供多种视图模式和页面模式，如"普通""提纲""备注"等模式，如图 8-9 所示。

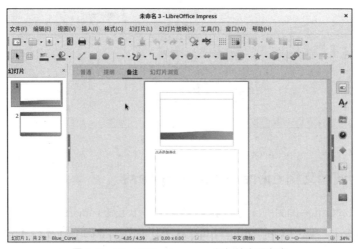

图 8-9　LibreOffice Impress 幻灯片查看方式

（3）幻灯片放映。

可以通过排练计时，定义自动放映结果，或通过自定义放映来选择需要放映的幻灯片或改变幻灯片的放映顺序。

（四）使用电子表格 LibreOffice Calc

电子表格在日常工作中起到非常重要的作用。Linux 系统中的电子表格和 Windows 系统中的电子表格在功能上大同小异。LibreOffice Calc 是一个电子表格应用程序，可用于计算、分析和管理数据，也可用于导入和编辑 Microsoft Excel 电子表格。

LibreOffice Calc 提供了众多的函数，包括数学、时间日期、统计和财务等函数，使用这些函数可以创建公式来对数据进行复杂的计算。启动后的 LibreOffice Calc 功能界面如图 8-10 所示。

图 8-10　LibreOffice Calc 功能界面

LibreOffice Calc 界面的顶部是菜单和工具栏，菜单包括提供"文件""编辑""视图""插入""格式""数据""工具"等，LibreOffice Calc 处理数据的常用功能可以直接使用工具栏中的按钮完成，非常便捷。

名称框包含单元格的列号和行号，可以快速查看当前或活动单元格的位置。活动单元格指当前被选定并正在使用的单元格；函数向导按钮可以打开"函数向导"对话框；求和按钮用来计算当前单元格及以上的所有单元格的数据的总和；按下函数按钮，可以在当前单元格或输入行中插入等号，便于接下来的公式计算。

界面最下方是工作表按钮，显示当前电子表格中的工作表，默认情况下一个新的电子表格包括一个工作表。

1. 计算

对数据进行计算时，LibreOffice Calc 提供了丰富的函数库，主要有统计函数和数学函数等，如 SUM 函数、MAX 函数、MIN 函数等。灵活使用这些函数可以对数据进行复杂的计算，用户也可以通过函数向导创建自己的公式。LibreOffice Calc 常用的函数公式如表 8-1 所示。

表 8-1　LibreOffice Calc 常用的函数公式

公式	简介
=SUM(A1:A11)	计算从 A1 到 A11 单元格的数据总和
=COUNT(A1:A11)	统计从 A1 到 A11 单元格的数据的行数
=B1*B2	显示 B1 和 B2 单元格数值的积
=C4-SUM(C10:C14)	计算 C4 单元格数据与 C10 到 C14 单元格数据之和的差
=MAX(A1:A11)	求出 A1 到 A11 单元格数据中的最大值
=MIN(A1:A11)	求出 A1 到 A11 单元格数据中的最小值
= AVERAGE(A1:A11)	计算 A1 到 A11 单元格的数据的平均值

函数公式可以在单元格中或输入行中直接输入，也可以使用函数向导创建公式。使用函数向导创建公式时，先在表格中选定需要插入公式的位置，在"公式栏"单击函数向导按钮，打开"函数向导"对话框，如图 8-11 所示。应用函数向导对数据进行计算，如图 8-12 所示。

图 8-11　"函数向导"对话框

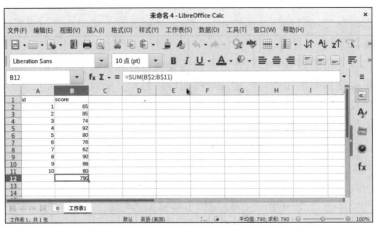

图 8-12　应用函数向导进行计算

2. 含参数的计算方式

对于由几个参数组合而成的复合计算，修改其中一个或几个参数后可以立即查看新的计算结果。计算方式灵活多变，在处理复合计算时非常有效。

3. 数据处理功能

根据特定的条件对数据区域进行格式化，或者进行快速计算、分类汇总和总计等，也可以使用数据透视表完成较为复杂的数据处理。

4. 图表功能

和 Windows 系统中的 Excel 表格一样，LibreOffice Calc 中也具有动态图表功能，随着数据的修改，图表会自动更新。在电子表格中插入图表，应首先打开电子表格，选定需要制作图表的数据区域，其次在"插入"菜单中选择"图表"命令，如图 8-13 所示，弹出"图表向导"对话框。

图 8-13　选择"图表"命令

在"图表向导"对话框中，可以选择图表类型，预览图表输出的实际效果。LibreOffice Calc 提供多种二维图表类型和三维图表类型。接下来单击"下一步"按钮，根据向导创建图表，选择图表类型，如图 8-14 所示，最后单击"完成"按钮，生成新的图表，如图 8-15 所示。

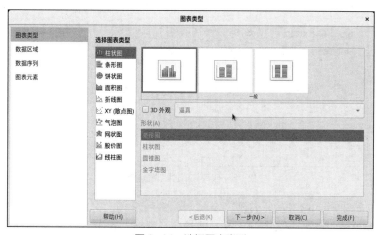

图 8-14　选择图表类型

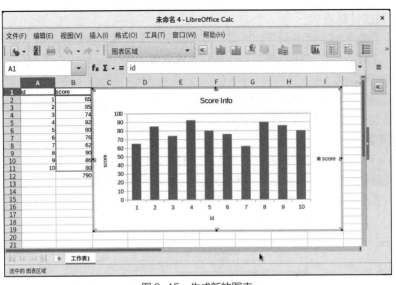

图 8-15　生成新的图表

5. 保存文件

LibreOffice 办公套件和其他应用程序一样，通过转换功能可以把电子表格转换成 Excel 文件或 PDF 文件。在对电子表格进行格式转换的过程中，用户无须借助任何第三方软件即可完成文档格式的输出。将电子表格输出为 PDF 文档，在"文件"菜单中单击"导出为 PDF"命令，弹出"PDF 选项"对话框。设置完成后单击"导出"按钮，如图 8-16 所示，然后输入文件名和保存路径，最后单击"保存"按钮，电子表格就输出为 PDF 文档。

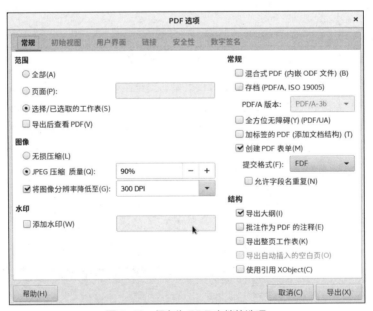

图 8-16　保存为 PDF 文档的选项

扩展阅读：随着时代的发展，信息安全越来越受到重视，各国之间不断爆发信息战。我国在操作系统层面的核心技术一直受制于人，面对这一现状，国产操作系统正在时代的浪潮中不断涌现，这是一场信息技术的革命，是国产操作系统良性发展的开始。国产操作系统通常建立在开源Linux内核之上，而其中最关乎用户体验的问题便是操作系统所适配的应用生态。目前一些常用软件几乎都有相应的Linux版本。很多国产软件在发布时通常也会有针对不同Linux发行版的安装包。国产办公软件中比较有代表性的就是WPS，其支持文档编辑、电子表格、演示文稿和PDF等多种常用格式。WPS的Linux版的下载页面如图8-17所示。

图 8-17　WPS 的 Linux 版的下载页面

任务 8.2　认识电子文档阅读软件

学习任务

　　通过阅读文献、查阅资料，了解与认识 Linux 常用阅读电子文档。CHM 文件格式是微软公司于 1998 年推出的基于 HTML 文件特性的帮助文件系统，以替代先前的 WinHelp 系统，也称作"编译的 HTML 帮助文件"（compiled HTML help file）。RHEL 8.1 系统自带文档查看器——Evince Document Viewer，该工具由 GNOME 开发，是一款免费且开放源码的用于多种文档格式的文档查看器，Evince Document Viewer 能够让用户简单清晰地查阅想看的文件，并且可以对文件进行注释。

（一）阅读 CHM 文件

CHM 文件因为使用方便，形式多样，所以其也常作为电子书的格式。

1. ChmSee
ChmSee 是一个在 Linux 下阅读 CHM 格式帮助文件的软件，对中文友好，目前支持阅读简体中文和英文编码的 CHM 文件。ChmSee 具有与 FireFox 类似的分页浏览标签，能够自动检测编码、收藏书签以及设置字体等。

2. CHM Reader
CHM Reader 是 FireFox 的一个扩展。安装 CHM Reader 后，用户可以使用 FireFox 直接开启 CHM 文件，其友好地支持中文，用户可以在 Mozilla 网站上下载 CHM Reader。

3. GnoCHM
GnoCHM 是一个能够支持全文查询的 CHM 文件阅读器，缺点是仅显示部分中文，不能很好地支持中文搜索。

4. arCHMage
arCHMage 是 CHM 文件的读取器和反编译器。其可以将 CHM 文件转换为 HTML、纯文本和 PDF 文档。

5. KchmViewer

KchmViewer 是一款简单易用的 CHM 文件查看工具，安装方便，用户界面整齐，提供文件浏览器打开 CHM 项目。该工具还提供了导航器面板，方便用户跳转到目录中的特定条目、查看索引、在文档中搜索特定术语以及创建书签。此外，用户还可以使用该工具打印文档、查看放大和缩小的文档、提取 CHM 文件内容并将其保存到文件、复制所选文本，以及自定义工具栏。

（二）阅读 PDF 文件

Linux 系统下可以选装的 PDF 阅读器类型较多，比较流行的有 MuPDF、Adobe Reader、Foxit Reader、Evince、Okular 等。下面以 Foxit Reader 为例，详细介绍其安装步骤。

（1）下载安装包，先查看安装包的详细信息，然后在终端运行安装命令，如图 8-18 所示。

```
[root@localhost home]# ls -ls
总用量 158820
86452 -rwxr-xr-x. 1  496 fuse 88525082 6月  10 2017 FoxitReader.enu.setup.2.4.x64.run
71940 -rwxrwxrwx. 1 root root 73664057 8月  17 11:12 FoxitReader.run.tar.gz
  204 -rwxrwxrwx. 1 root root  208400 8月  16 18:46 kchm.rpm
  220 -rwxrwxrwx. 1 root root  224485 8月  16 18:49 kch.rpm
    4 drwxrwxrwx. 5 root root    4096 8月  15 18:23 ██████
[root@localhost home]# ./FoxitReader.enu.setup.2.4.x64.run
```

图 8-18 Foxit Reader 安装命令

（2）执行安装命令后，弹出"Foxit Reader 设置"对话框，如图 8-19 所示，选择安装位置，单击"下一步"按钮。

图 8-19 "Foxit Reader 设置"对话框

（3）如图 8-20 所示，选择"I accept the license."单选项，单击"下一步"按钮。安装过程结束后，单击"完成"按钮，如图 8-21 所示。

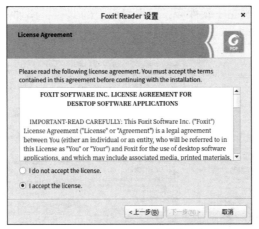

图 8-20 Foxit Reader 安装步骤（1）

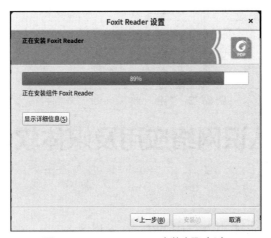

图 8-21 Foxit Reader 安装步骤（2）

（4）完成上述步骤后，启动 Foxit Reader 软件，启动后的界面如图 8-22 所示。

图 8-22 Foxit Reader 启动后的界面

（5）成功启动 Foxit Reader 软件后，单击界面上的"+"，添加需要打开的 PDF 文件，如图 8-23 所示。

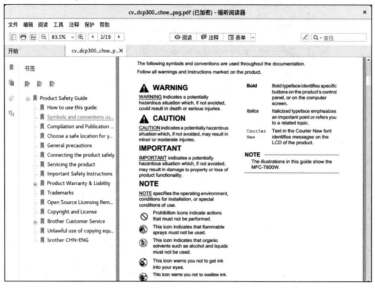

图 8-23　使用 Foxit Reader 打开文件

任务 8.3　认识网络应用及媒体软件

学习任务

通过阅读文献、查阅资料，了解与认识 Linux 常用网络应用及媒体软件。应用程序是完成某项或多项特定工作的计算机程序，可以在用户模式下与用户进行交互，包含可视化的用户界面。应用程序通常分为两部分：图形用户界面（GUI）和引擎（engine）。网络应用程序是一种通过网页浏览器运行在互联网或企业内部网上的应用软件，撰写应用程序可以用网页语言或脚本语言，另外，它需要用浏览器来运行。媒体播放器，又称媒体播放机，通常是指计算机中用来播放多媒体的软件。随着传媒行业的不断发展，一些广告画面的播放器也可称为媒体播放器。Linux 系统自带媒体播放器软件，可以根据不同类型的多媒体选择不同的播放器，主要有视频播放器和音频播放器。

（一）认识网络应用软件

网络应用软件是指能够为网络用户提供各种服务的软件，用户可以在互联网上获取和共享资源。这些软件包括浏览器、传输软件、远程登录软件等。

（二）使用网页浏览器

Linux 系统自带网页浏览器 FireFox，和其他网页浏览器一样，使用时只需要双击 FireFox 浏览器图标即可。FireFox 浏览器提供以下主要功能。

- 拦截恶意网站。

用户浏览到潜在的威胁网站时，FireFox 会以醒目的警告方式提醒用户该网站危险。

- 标签页方式浏览。

在不同的标签页中，用户可以把自己的网页放置到计算机桌面上，以便下次浏览。

- 清理访问痕迹。

FireFox 提供网页访问痕迹清理功能，以更好地保护用户隐私。用户上网过程中留下的浏览痕迹、Cookie 以及登录密码等各种敏感信息都可以被清理掉。

- 自动更新。

在联网状态下，浏览器 FireFox 会提示用户自动更新，以增强软件的安全性能，完善软件的功能。

（三）使用文件下载器

1. Wget 工具

Wget 工具功能丰富，可以充当 GUI 下载管理器，它具有下载管理器所需要的全部功能，如支持多个文件下载和恢复下载等。Wget 下载过程如图 8-24 所示。

```
[root@localhost ~]# wget https://cdn01.foxitsoftware.com/pub/foxit/reader/deskto
p/linux/2.x/2.4/en_us/FoxitReader.enu.setup.2.4.5.0727.x64.run.tar.gz
--2022-11-29 22:10:05--  https://cdn01.foxitsoftware.com/pub/foxit/reader/deskto
p/linux/2.x/2.4/en_us/FoxitReader.enu.setup.2.4.5.0727.x64.run.tar.gz
正在解析主机 cdn01.foxitsoftware.com (cdn01.foxitsoftware.com)... 64.62.208.4, 6
4.62.208.6, 64.62.194.28, ...
正在连接 cdn01.foxitsoftware.com (cdn01.foxitsoftware.com)|64.62.208.4|:443...
已连接。
已发出 HTTP 请求，正在等待回应... 200 OK
长度: 73812318 (70M) [application/x-gzip]
正在保存至: FoxitReader.enu.setup.2.4.5.0727.x64.run.tar.gz"

              Fox   1%[              ]   1.24M  49.9KB/s  剩余 28m 38s
```

图 8-24　Wget 下载过程

2. Curl 工具

Curl 是另一种高效的下载工具，它不仅可以下载文件，还可以上传文件，而且支持 Web 协议。在下载过程中，可以预测下载剩余时间，也可以用进度条显示下载进度。Curl 下载过程如图 8-25 所示。

```
[root@localhost ~]# curl https://ultravideo.fi/video/SunBath_3840x2160_50fps_420
_10bit_YUV_RAW.7z --output /home/temp.7z
  % Total    % Received % Xferd  Average Speed   Time    Time     Time  Current
                                 Dload  Upload   Total   Spent    Left  Speed
  1 1077M    1 20.6M    0     0  1063k      0  0:17:17  0:00:19  0:16:58  228k^C
```

图 8-25　Curl 下载过程

（四）使用媒体播放器

Xine 是一个免费的媒体播放器，可以播放 CD、DVD、蓝光和 VCD。它还可以解码本地磁盘驱动器中的 AVI、MOV、WMV 和 MP3 等多媒体文件，播放网络流媒体文件。其安装和运行分别如图 8-26 和图 8-27 所示。

```
[root@localhost ~]# yum install xine
Updating Subscription Management repositories.
Unable to read consumer identity
This system is not registered to Red Hat Subscription Management. You can use su
bscription-manager to register.
上次元数据过期检查：0:04:40 前，执行于 2022年11月30日 星期三 03时37分05秒。
依赖关系解决。
=================================================================================
 软件包                    架构    版本                         仓库              大小
=================================================================================
安装：
 xine-ui                   x86_64 0.99.11-1.20190824hg894d90.el8
                                                               rpmfusion-free-updates 1.3 M
安装依赖关系：
 LibRaw                    x86_64 0.19.5-3.el8                 AppStream         316 k
 graphviz                  x86_64 2.40.1-43.el8                AppStream         1.7 M
 libXaw                    x86_64 1.0.13-10.el8                AppStream         194 k
 xorg-x11-fonts-ISO8859-1-100dpi
                           noarch 7.5-19.el8                   AppStream         1.1 M
 ImageMagick-libs          x86_64 6.9.12.64-1.el8              epel              2.4 M
 libnfs                    x86_64 4.0.0-1.el8                  epel              136 k
 libraqm                   x86_64 0.7.0-4.el8                  epel               19 k
 libfame                   x86_64 0.9.1-24.el8                 rpmfusion-free-updates 128 k
```

图 8-26　安装 Xine

图 8-27　运行 Xine

（五）使用截图工具

系统中提供截图工具，以方便用户截取图像。单击"显示应用程序"→"工具"→"截图"命令，打开截图工具，如图 8-28 所示。

图 8-28　截图工具

（六）使用图形图像处理软件

Linux 系统提供丰富的图形图像处理软件，从功能上可以分为以下几类。

- 图像处理工具，如 GIMP 等。
- 绘图工具，如 XPaint、Kpaint 等。
- 图像浏览工具，如 gtk_see、CompuPic、EE（electronic eye，电子眼）、GQView、KView 等。
- 图标制作工具，如 Kicon 等。
- 抓图工具，如 KsnapShot 等。
- 三维模型设计软件，如 AC3D、IRIT、PIXCON 等。

在 Linux 系统众多的图像处理工具中，比较著名的就是 GIMP。GIMP 是 GNU 图像处理程序（GNU image manipulation program）的英文缩写，是一个完全免费的自由软件包，能够对大多数图像进行各种艺术处理。GIMP 的功能相当强大，它不仅具有简单的绘图程序功能、高质量的图像处理软件功能，还具有图像格式转换功能等。

GIMP 也表现出良好的可扩展性，它提供高级脚本接口并且支持插件参数。简单的任务和复杂的图像处理过程都可以通过脚本进行描述。因为其强大的图像处理功能，GIMP 被誉为 Linux 下处理图像的"法宝"，也被称为 Linux 下的 Photoshop。

GIMP 具有以下特点。

- 拥有完整的绘图工具，包括 Brush（笔刷）、Pencil（铅笔）、AirBrush（喷枪）等。
- 待处理的图像尺寸只受磁盘自由空间大小的限制。
- 支持主流图像格式，如 GIF、JPG、PNG、XPM、TIFF、TGA、MPEG、PS、PDF、PCX、BMP 等。
- 支持过程数据库，内部 GIMP 函数可以被外部应用程序调用。
- 支持无限次数的 Undo/Redo 操作，但是会受到磁盘空间的限制。
- 支持多种变形工具，如旋转、缩放、裁剪等。
- 具有多种选择工具，如矩形、椭圆、自由、模糊、曲线及智能工具等。
- 提供插件功能以及丰富的插件，现有 GIMP 库中含有 100 多个插件，用户可以任意插入新的文件格式以及增加新的滤镜效果。

GIMP 的启动非常简单，单击"应用程序"→"图形"→"GNU 图像处理程序"命令即可，其启动界面如图 8-29 所示，图像处理界面如图 8-30 所示。

图 8-29　GIMP 的启动界面

图 8-30　GIMP 图像处理界面

任务 8.4　学习编程语言 Python

学习任务

通过阅读文献、查阅资料，了解与认识 Linux 中的常用编程语言 Python。Python 是一种跨平台的计算机程序设计语言，属于面向对象的动态类型语言，最初用于编写自动化脚本。Python提供高效的高级数据结构，还能简单有效地面向对象编程。Python 语法和动态类型，以及解释型语言的本质，使它成为多数平台上写脚本和快速开发应用的编程语言，随着版本的不断更新和语言新功能的添加，Python 被用于独立的、大型项目的开发的次数越来越多。

（一）Python 开发环境

在 RHEL 系统中搭建开发环境时可以使用 yum -y group install "Development tools"命令把所有开发环境的依赖包安装好。然后按需安装开发工具。RHEL 8.1 系统中默认包含完全支持的 Python 版本 Python 3.6.8，在命令行中输入 python3 --version 命令可以查看其版本。

```
[root@localhost ~]# python3 --version
Python 3.6.8
```

使用命令 python3 可以直接启动 Python 进行程序的编写。退出时使用组合键 Ctrl+D 或在命令行输入 exit()函数。

```
[root@localhost ~]# python3
Python 3.6.8 (default, Oct 11 2019, 15:04:54)
[GCC 8.3.1 20190507 (Red Hat 8.3.1-4)] on linux
Type "help", "copyright", "credits" or "license" for more information.
>>> 1+2
3
>>> for i in range(3):print(i)
...
0
1
2
>>> exit()
```

如果安装的 RHEL 系统版本中没有默认安装 Python。与安装任何其他可用工具类似，可以使用 yum install python3 命令来安装 Python。在使用 Python 时如果需要安装第三方软件包，不建议使用 sudo pip 命令安装，因为 RHEL 8.1 的很大一部分组件和工具依赖于 Python 3.6，直接使用 sudo pip 命令会涉及安全问题。即使包值得信赖也最好不要这样安装。

如果要使用第三方软件包，可以使用 python3 -m venv --system-site-packages myenv 命令创建虚拟环境。然后使用 source myenv/bin/activate 命令激活环境，并使用 pip install 命令将软件包安装到其中。只要环境处于激活状态，这些包就可用。虽然这不能避免恶意软件包的侵害，但它可以保护系统免受意外破坏。另一种解决方法是使用 pip 命令的–user 选项给用户安装特定软件包，如使用命令 python3 -m pip install --user flake8。

（二）安装图形化开发工具

使用 PyCharm 可以进行 Python 开发，可以在 PyCharm 官网下载 Linux 系统使用的 Community 版 tar.gz 文件，如图 8-31 所示。

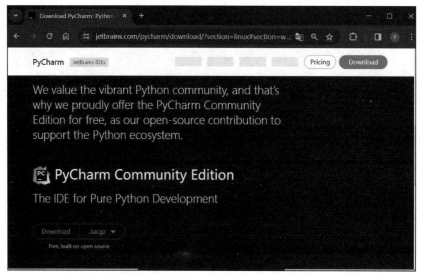

图 8-31　PyCharm 工具官网下载

下载完毕后，解压缩下载的文件。执行如下命令切换到解压缩后的文件目录并安装。安装完毕后运行的软件界面如图 8-32 所示。

```
[root@localhost ~]# cd pycharm-community-2022.3/bin/
[root@localhost bin]# chmod u+x pycharm.sh
[root@localhost bin]# ./pycharm.sh
```

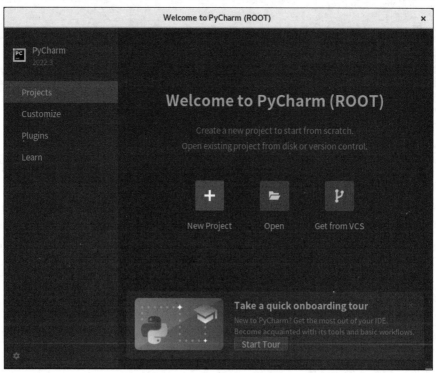

图 8-32　PyCharm 运行界面

项目小结

本项目重点介绍了 LibreOffice 办公套件，它提供功能强大的办公软件，主要包括文字处理器 Writer，演示文稿 Impress 和电子表格 Calc。本项目还介绍了电子文档阅读工具，包括阅读 CHM 文件和 PDF 文件。最后，本项目介绍了一些常见的网络应用软件、媒体软件、截图工具和图像处理软件。Linux 系统中提供的图像处理工具很多，其中 GIMP 是目前功能最为强大的图像处理工具，非常实用。

项目实训　应用软件综合实训

1. 实训目的
（1）掌握 LibreOffice 办公套件的用法。
（2）掌握文件下载器的用法。

2. 实训内容
（1）使用 LibreOffice 办公套件中的 Impress 软件制作幻灯片。
（2）使用 LibreOffice 办公套件中的 Calc 软件对学生期末成绩进行图表制作。
（3）在 Linux 中使用 Python 语言进行编程。

综合练习

1. 选择题
（1）下面说法错误的是（　　　）。
　　A. LibreOffice 是办公套件　　　　　　B. Writer 工具可以绘制图形
　　C. 电子表格 Calc 制作图表　　　　　　D. 在 Impress 中无法插入图片
（2）Writer 是一个（　　　）。
　　A. 文档编辑器　　　　　　　　　　　　B. 运行命令
　　C. 和图像图形相关联的程序　　　　　　D. 复制文件程序
（3）下列哪一个工具可以绘图？（　　　）
　　A. MP4　　　　　B. XPaint　　　　　C. RPM　　　　　D. JPG
（4）Wget 工具的主要功能是（　　　）。
　　A. 处理文字，也能处理图片　　　　　　B. 聊天
　　C. 文件下载　　　　　　　　　　　　　D. 播放音乐
（5）下面哪一个工具或命令可以打开 PDF 文件？（　　　）
　　A. Calc　　　　　B. Impress　　　　　C. Curl　　　　　D. Foxit Reader
（6）GIMP 的中文全称是（　　　）。
　　A. GNU 图形图像播放器　　　　　　　　B. GNU 图像处理程序
　　C. GNU 视频处理程序　　　　　　　　　D. GNU 安装程序
（7）Linux 自带的网页浏览器是（　　　）。
　　A. FireFox 浏览器　B. 360 浏览器　　　C. 有道浏览器　　D. 百度浏览器

（8）要对数据进行计算和排序，可以选用下列哪个工具？（　　　）

　　　A. Curl 工具　　　　B. Calc 工具　　　C. IRIT 工具　　　D. KView 工具

（9）Archmage 工具的主要功能是（　　　）。

　　　A. 可以将 CHM 格式打包为 html 格式

　　　B. 可以将 TAR 格式打包为普通文件格式

　　　C. 可以将 HTML 格式打包为 CHM 格式

　　　D. 可以将普通文件格式打包为 TAR 格式

2. 填空题

（1）Impress 提供的功能有＿＿＿＿＿＿＿、＿＿＿＿＿＿＿＿、＿＿＿＿＿＿＿＿、＿＿＿＿＿＿＿＿。

（2）文档编辑器模块提供的功能有＿＿＿＿＿＿＿＿、＿＿＿＿＿＿＿＿＿、＿＿＿＿＿＿＿＿、

＿＿＿＿＿＿＿＿。

（3）Kpaint 工具可以用作＿＿＿＿＿＿＿＿＿＿＿。

（4）应用 Calc 工具，可以直接把数据库拖放到电子表格中，也可以把电子表格作为数据源

放到＿＿＿＿＿＿＿＿＿使用，这个功能属于＿＿＿＿＿＿＿＿＿＿功能。

（5）Writer 包含两个主要模块：＿＿＿＿＿＿＿＿＿和＿＿＿＿＿＿＿＿＿。

（6）MuPDF、Evince、Okular 等工具都可以阅读＿＿＿＿＿＿＿＿＿类型的文件。

（7）解压 LibreOffice 安装包应使用命令＿＿＿＿＿＿＿＿＿＿。

3. 简答题

（1）简述文字处理器 Writer 的基本功能。

（2）简述常用图形图像处理软件的基本功能。

（3）简述 GIMP 的基本特点。

（4）简述 Impress 提供的基本功能。

（5）简述 FireFox 浏览器的基本功能。

4. 思考题

使用文件下载器（Wget 等）和 FireFox 工具下载文件有什么不一样？

项目

认识网络配置

09

【项目导入】

Linux 操作系统作为开源操作系统，拥有丰富的网络配置选项和功能。本项目首先介绍 TCP/IP 的网络参数，然后介绍网络调试命令，接着详细介绍在 Linux 操作系统下配置网络参数的常见方式，主要包括使用命令方式、使用 NetworkManager 以及使用配置文件直接配置网络参数等。

【项目要点】

① TCP/IP 网络参数介绍。
② 网络调试命令介绍。
③ 配置 TCP/IP 网络参数。

【素养提升】

在 Linux 操作系统中，正确的网络配置和优化不仅可以让网络更加稳定和快速，还能提高工作效率和用户体验。

任务 9.1　认识 TCP/IP 网络参数

学习任务

通过阅读文献、查阅资料，了解与认识 TCP/IP。TCP/IP 是 transmission control protocol/internet protocol 的缩写，译为传输控制协议/互联网协议，是互联网最基本的协议，也是全球使用最广泛的网络通信协议。

（一）TCP/IP 简介

TCP/IP 定义了电子设备如何连入互联网，以及数据在它们之间传输的标准。该协议采用 4 层的层级结构，每一层都呼叫它的下一层提供的协议来满足自己的需求。图 9-1 所示为 TCP/IP 分层结构，图 9-2 所示为 TCP/IP 中的各层协议。

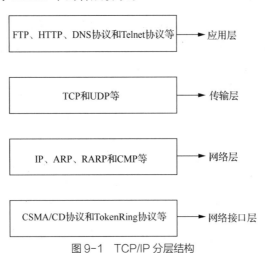

图 9-1　TCP/IP 分层结构

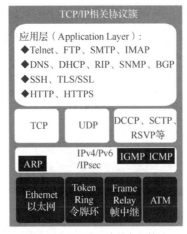

图 9-2　TCP/IP 中的各层协议

TCP/IP 的最大优点在于它是一个开放的协议标准，并且遵循"接入互联网中的每台计算机相互平等"的思想。因此，在具体实现中，TCP/IP 不依赖于任何特定的计算机硬件或操作系统，也不依赖于特定的网络传输硬件，从而成为当今互联网最重要的协议。

（二）TCP/IP 中的主要网络参数

1. 主机名

主机名用来表示网络中的计算机名称，这个名称是可以随时更改的。在一个局域网中，为了区分不同的计算机，可以为其分别设置不同的名称，如 504-1、504-2、504-3、504-4 等。对于用户来说，主机名比 IP 地址更方便识别，因此使用主机名便于互联网用户之间的相互访问。

2. IP 地址

IP 地址用于给网络中的计算机编号，每台联网的计算机都需要有唯一的 IP 地址，才能正常通信。目前常用的 IP 地址是 IPv4 地址，它是一个 32 位的二进制数。目前使用的 IP 地址编址方案将 IP 地址空间划分为 A、B、C、D、E 这 5 类，其中 A 类、B 类、C 类是基本类，D、E 类作为多播和保留使用。现实生活中常用的是 B 类和 C 类。

IP 地址用点分十进制来表示，长度为 32 位，分为 4 段，每段 8 位，用十进制数字表示，每段数字范围为 0~255，段与段之间用"."隔开，如 192.168.7.1。

3. 子网掩码

子网掩码用于将某个 IP 地址划分成网络地址和主机地址两部分。子网掩码的设定必须遵循一定的规则。与二进制 IP 地址相同，子网掩码由 1 和 0 组成，且 1 和 0 连续。子网掩码的长度也是 32 位：左边是网络位，用二进制数字 1 表示，1 的数目等于网络位的长度；右边是主机位，用二进制数字 0 表示，0 的数目等于主机位的长度。在一般的网络规划中，如果不需要划分子网，则直接使用默认的子网掩码。如 A 类地址的默认子网掩码是 255.0.0.0，B 类地址的默认子网掩码是 255.255.0.0，C 类地址的默认子网掩码是 255.255.255.0。

4. 网关地址

网关（gateway），用于两个高层协议不同的网络互连。通俗地说，网关是一个网络连接到另一个网络的"关口"，它既可以用于广域网互连，也可以用于局域网互连。因此，只有设置好网关地址，TCP/IP 才能实现不同网络之间的相互通信。

5. 域名

域名，是由一串用点分隔的名称组成的互联网上某台计算机或某个计算机组的名称，用于在数据传输时标识计算机的物理位置。域名通常是上网机构的名称，是一个单位在网络中的地址。在互联网中，每一个域名都和特定的 IP 地址相对应，由此来简化浏览者在网络中查询网址的烦琐过程。

6. DNS

DNS 即域名服务器，是进行域名和与之相对应的 IP 地址转换的服务器。在网络中，域名虽然便于记忆，但是机器只能识别 IP 地址，因而要通过引入 DNS 实现它们之间的转换。DNS 为 C/S 模式中的服务器方，主要有两种形式：主服务器和转发服务器。将域名映射为 IP 地址的过程被称为域名解析。

任务 9.2 使用网络调试命令

学习任务

通过阅读文献、查阅资料，了解与认识网络调试命令。网络在被配置后，使用过程中经常会出现网络无法正常运行的情况，RHEL 8.1 提供了一些网络调试命令，可用于检查网络故障。通过使用网络调试命令，帮助查找到故障原因并最终解决问题。

（一）ping 命令

ping 命令能够记录源主机与目标主机的连接结果，显示目标主机是否响应及接收答复所需要的时间。如果在传递过程中有错误，ping 命令将显示错误信息。

ping 命令的语法如下。

```
ping （选项）IP 地址
```

如 ping 192.168.99.100 用于显示从主机到目标地址为 192.168.99.100 的网络线路是否连通。

选项含义如下。

-d：使用 Socket 的 SO_DEBUG 功能。

-c：设置要求回应的次数。

-f：极限检测。

-i：指定收发消息的间隔时间。

-n：只输出数值。

-p：设置范本。

-q：不显示指令执行过程。

-r：直接将数据输出到远程主机上。

-R：记录路由过程。

-s：设置数据包大小。

-t：设置存活时间。

使用 ping 命令查看从主机到人邮教育网站之间的连通状态，运行结果如下所示。

```
[root@192 ~]# ping ryjiaoyu.com
PING ltnxg7nm5fnuy4kpufwyerpwdyfabciv.yundunwaf5.com (39.96.127.170) 56(84) bytes of data.
64 bytes from 39.96.127.170 (39.96.127.170): icmp_seq=1 ttl=128 time=45.8 ms
64 bytes from 39.96.127.170 (39.96.127.170): icmp_seq=2 ttl=128 time=45.9 ms
64 bytes from 39.96.127.170 (39.96.127.170): icmp_seq=3 ttl=128 time=46.6 ms
64 bytes from 39.96.127.170 (39.96.127.170): icmp_seq=4 ttl=128 time=46.0 ms
64 bytes from 39.96.127.170 (39.96.127.170): icmp_seq=5 ttl=128 time=46.7 ms
64 bytes from 39.96.127.170 (39.96.127.170): icmp_seq=6 ttl=128 time=46.8 ms
```

从上面的结果可以看出，直接输入 ping 命令可以检测该主机是否与目标主机建立网络连接。其中"time="表示响应时间，这个时间越小，说明连接目标主机的速度越快。要停止执行该命令可以使用组合键 Ctrl+C，运行结果如下所示。

```
^C
--- ryjiaoyu.com ping statistics ---
96 packets transmitted, 96 received, 0% packet loss, time 279ms
rtt min/avg/max/mdev = 30.912/31.922/40.227/1.379 ms
```

（二）netstat 命令

netstat 命令用于在 Linux 中查看网络自身的状况，如开启的端口、用户的服务等。此外，它还可以显示系统路由表以及网络接口等。因此该命令是一个综合性的网络状态查看工具。

netstat 命令的语法如下。

netstat（选项）

选项含义如下。

-a：列出所有当前的连接。

-at：列出 TCP 连接。

-au：列出 UDP（user datagram protocol，用户数据报协议）连接。

-r：列出路由表。

-s：显示每个协议的统计。

-c：每隔 1s 就重新显示一遍，直到用户中断命令。

-t：显示 TCP 的连接情况。

-e：显示以太网统计。

-g：显示多重广播功能群组名单。

-i：显示网络接口信息。

-u：显示 UDP 的连接。

-l：显示监控中的服务器的 Socket。

-w：显示 RAW 传输协议的连接。

-n：直接使用 IP 地址。

-h：在线帮助。

例如，运行命令 netstat –at，结果如图 9-3 所示。该命令列出了所有 TCP 连接的状况。

图 9-3　运行命令 netstat –at

运行命令 netstat –l，结果如图 9-4 所示。该命令显示了监控中的服务器状况。

运行命令 netstat –i，结果如图 9-5 所示。该命令显示了本机中的网络接口信息。

此外，也可以使用组合命令来查看正在连接的网络信息，运行 netstat –ntulpa 命令，结果如图 9-6 所示。

```
[root@localhost ~]# netstat -l
Active Internet connections (only servers)
Proto Recv-Q Send-Q Local Address          Foreign Address         State
tcp        0      0 0.0.0.0:sunrpc         0.0.0.0:*               LISTEN
tcp        0      0 localhost:domain       0.0.0.0:*               LISTEN
tcp        0      0 0.0.0.0:ssh            0.0.0.0:*               LISTEN
tcp        0      0 localhost:ipp          0.0.0.0:*               LISTEN
tcp6       0      0 [::]:sunrpc            [::]:*                  LISTEN
tcp6       0      0 [::]:ssh               [::]:*                  LISTEN
tcp6       0      0 localhost:ipp          [::]:*                  LISTEN
udp        0      0 localhost:domain       0.0.0.0:*
udp        0      0 0.0.0.0:bootps         0.0.0.0:*
udp        0      0 localhost:bootpc       0.0.0.0:*
udp        0      0 0.0.0.0:42061          0.0.0.0:*
udp        0      0 0.0.0.0:sunrpc         0.0.0.0:*
udp        0      0 0.0.0.0:mdns           0.0.0.0:*
udp6       0      0 [::]:sunrpc            [::]:*
udp6       0      0 [::]:mdns              [::]:*
udp6       0      0 [::]:33180            [::]:*
raw6       0      0 [::]:ipv6-icmp         [::]:*                  7
```

图 9-4　运行命令 netstat –l

```
[root@localhost ~]# netstat -i
Kernel Interface table
Iface      MTU      RX-OK RX-ERR RX-DRP RX-OVR    TX-OK TX-ERR TX-DRP TX-OVR Flg
ens33      1500      1308      0      0 0           685      0      0      0 BMRU
lo        65536        48      0      0 0            48      0      0      0 LRU
virbr0     1500         0      0      0 0             0      0      0      0 BMU
```

图 9-5　运行命令 netstat –i

```
[root@localhost ~]# netstat -ntulpa
Active Internet connections (servers and established)
Proto Recv-Q Send-Q Local Address          Foreign Address         State       PID/Program name
tcp        0      0 0.0.0.0:111            0.0.0.0:*               LISTEN      1/systemd
tcp        0      0 192.168.122.1:53       0.0.0.0:*               LISTEN      1927/dnsmasq
tcp        0      0 0.0.0.0:22             0.0.0.0:*               LISTEN      1215/sshd
tcp        0      0 127.0.0.1:631          0.0.0.0:*               LISTEN      1210/cupsd
tcp6       0      0 :::111                 :::*                    LISTEN      1/systemd
tcp6       0      0 :::22                  :::*                    LISTEN      1215/sshd
tcp6       0      0 ::1:631                :::*                    LISTEN      1210/cupsd
udp        0      0 192.168.122.1:53       0.0.0.0:*                           1927/dnsmasq
udp        0      0 0.0.0.0:67             0.0.0.0:*                           1927/dnsmasq
udp        0      0 192.168.30.129:68      0.0.0.0:*                           1195/NetworkManager
udp        0      0 0.0.0.0:42061          0.0.0.0:*                           1013/avahi-daemon:
udp        0      0 0.0.0.0:111            0.0.0.0:*                           1/systemd
udp        0      0 0.0.0.0:5353           0.0.0.0:*                           1013/avahi-daemon:
udp6       0      0 :::111                 :::*                                1/systemd
udp6       0      0 :::5353                :::*                                1013/avahi-daemon:
udp6       0      0 :::33180               :::*                                1013/avahi-daemon:
```

图 9-6　运行命令 netstat –ntulpa

（三）tracepath 命令

tracepath 命令用于显示数据包到达目的主机途中经过的所有路由信息，语法如下。

tracepath [选项]域名

选项含义如下。

-n：不查看主机名称。

-l：设置初始化的数据包长度，默认值为 65535。

当两台主机之间无法正常连通时，要考虑两台主机之间是否有错误的路由信息，导致数据被某一台设备错误地丢弃。这时便可以使用 tracepath 命令追踪数据包到达目的主机途中的所有路由信息，以分析是哪台设备出了问题。

使用 tracepath 命令显示主机到百度网站的所有路由信息，运行结果如图 9-7 所示。

```
[root@localhost ~]# tracepath www.baidu.com
 1?: [LOCALHOST]                        pmtu 1500
 1:  _gateway                                               0.228ms
 1:  _gateway                                               0.223ms
 2:  no reply
 3:  no reply
 4:  no reply
 5:  no reply
 6:  no reply
 7:  no reply
 8:  no reply
 9:  no reply
10:  no reply
11:  no reply
12:  no reply
13:  no reply
```

图 9-7　使用 tracepath 命令

（四）ifconfig 命令

ifconfig 命令用于显示或配置 Linux 中的网络设备，并可设置网卡的相关参数，启动或者停用网络接口。

ifconfig 命令语法如下。

ifconfig（选项）

选项含义如下。

add：设置网络设备的 IP 地址。

del：删除网络设备的 IP 地址。

down：关闭指定的网络设备。

io_addr：设置网络设备的 I/O 地址。

media：设置网络设备的媒介类型。

mem_start：设置网络设备在内存中占用的起始地址。

metric：指定在计算数据包的传送次数时要加上的数字。

mtu：设置网络接口的最大传输单元。

netmask：设置网络设备的子网掩码。

tunnel：建立 IPv4 与 IPv6 之间的隧道通信地址。

up：启动指定的网络设备。

IP 地址：指定网络设备的 IP 地址。

网络设备：指定网络设备的名称。

使用 ifconfig 命令显示网络设备信息，运行结果如图 9-8 所示。

从图 9-8 可以看出，ens33 表示第一块网卡，IP 地址为 192.168.30.129，广播地址（broadcast）为 192.168.30.255，子网掩码（netmask）为 255.255.255.0。

此外，lo 表示本地回环地址，该地址是一种虚拟网络接口，是主机与自身通信的一个特殊地址。

```
[root@localhost ~]# ifconfig
ens33: flags=4163<UP,BROADCAST,RUNNING,MULTICAST>  mtu 1500
        inet 192.168.30.129  netmask 255.255.255.0  broadcast 192.168.30.255
        inet6 fe80::730c:93d:474f:8b0c  prefixlen 64  scopeid 0x20<link>
        ether 00:0c:29:d3:d5:6c  txqueuelen 1000  (Ethernet)
        RX packets 1383  bytes 282102 (275.4 KiB)
        RX errors 0  dropped 0  overruns 0  frame 0
        TX packets 685  bytes 377490 (368.6 KiB)
        TX errors 0  dropped 0 overruns 0  carrier 0  collisions 0

lo: flags=73<UP,LOOPBACK,RUNNING>  mtu 65536
        inet 127.0.0.1  netmask 255.0.0.0
        inet6 ::1  prefixlen 128  scopeid 0x10<host>
        loop  txqueuelen 1000  (Local Loopback)
        RX packets 48  bytes 4080 (3.9 KiB)
        RX errors 0  dropped 0  overruns 0  frame 0
        TX packets 48  bytes 4080 (3.9 KiB)
        TX errors 0  dropped 0 overruns 0  carrier 0  collisions 0

virbr0: flags=4099<UP,BROADCAST,MULTICAST>  mtu 1500
        inet 192.168.122.1  netmask 255.255.255.0  broadcast 192.168.122.255
        ether 52:54:00:87:ac:4e  txqueuelen 1000  (Ethernet)
        RX packets 0  bytes 0 (0.0 B)
        RX errors 0  dropped 0  overruns 0  frame 0
        TX packets 0  bytes 0 (0.0 B)
        TX errors 0  dropped 0 overruns 0  carrier 0  collisions 0
```

图 9-8　使用 ifconfig 命令显示网络设备信息

（五）ip 命令

ip 命令主要用于显示或设置网络设备，但该命令功能比 ifconfig 命令强大，同时也是 Linux 加强版的网络配置工具，可代替 ifconfig 命令。

ip 命令语法如下。

ip（选项）

选项含义如下。

link：网络设备。

address：设备上的协议地址。

route：路由表。

rule：路由策略。

使用 ip link show 命令显示网卡信息，运行结果如图 9-9 所示。

使用 ip address show ens33 命令查看设备和地址信息，在这里 ens33 代表网卡，运行结果如图 9-10 所示。

使用 ip route 命令显示路由表信息，运行结果如图 9-11 所示。

```
[root@localhost ~]# ip link show
1: lo: <LOOPBACK,UP,LOWER_UP> mtu 65536 qdisc noqueue state UNKNOWN mode DEFAULT group default qlen 100
0
    link/loopback 00:00:00:00:00:00 brd 00:00:00:00:00:00
2: ens33: <BROADCAST,MULTICAST,UP,LOWER_UP> mtu 1500 qdisc fq_codel state UP mode DEFAULT group default
 qlen 1000
    link/ether 00:0c:29:d3:d5:6c brd ff:ff:ff:ff:ff:ff
3: virbr0: <NO-CARRIER,BROADCAST,MULTICAST,UP> mtu 1500 qdisc noqueue state DOWN mode DEFAULT group def
ault qlen 1000
    link/ether 52:54:00:87:ac:4e brd ff:ff:ff:ff:ff:ff
4: virbr0-nic: <BROADCAST,MULTICAST> mtu 1500 qdisc fq_codel master virbr0 state DOWN mode DEFAULT grou
p default qlen 1000
    link/ether 52:54:00:87:ac:4e brd ff:ff:ff:ff:ff:ff
```

图 9-9　使用 ip link show 命令查看网卡信息

```
[root@localhost ~]# ip address show ens33
2: ens33: <BROADCAST,MULTICAST,UP,LOWER_UP> mtu 1500 qdisc fq_codel state UP group default qlen 1000
    link/ether 00:0c:29:d3:d5:6c brd ff:ff:ff:ff:ff:ff
    inet 192.168.30.129/24 brd 192.168.30.255 scope global dynamic noprefixroute ens33
       valid_lft 936sec preferred_lft 936sec
    inet6 fe80::730c:93d:474f:8b0c/64 scope link noprefixroute
       valid_lft forever preferred_lft forever
```

图 9-10　使用 ip address show ens 33 命令查看设备和地址信息

```
[root@localhost ~]# ip route
default via 192.168.30.2 dev ens33 proto dhcp metric 100
192.168.30.0/24 dev ens33 proto kernel scope link src 192.168.30.129 metric 100
192.168.122.0/24 dev virbr0 proto kernel scope link src 192.168.122.1 linkdown
```

图 9-11　使用 ip route 命令查看路由表信息

（六）arp 命令

arp 命令用于操作主机的 ARP（Address Resolution Protocol，地址解析协议）缓冲区，它可以显示 arp 缓冲区中的所有条目，删除指定的条目或添加静态的 IP 地址与 MAC 地址对应关系。arp 缓冲区中包含一个或多个表，它们用于存储 IP 地址及经过解析的以太网或令牌环物理地址。

arp 命令语法如下。

arp（选项）主机

选项含义如下。

- a：显示 arp 缓冲区的所有条目。

-H：指定 arp 使用的地址类型。

- d：从 arp 缓冲区中删除指定主机的 arp 条目。

- D：使用指定接口的硬件地址。

- e：以 Linux 的显示风格显示 arp 缓冲区中的条目。

- i：指定要操作 arp 缓冲区的网络接口。

- s：设置指定主机的 IP 地址与 MAC 地址的静态映射。

- n：以数字形式显示 arp 缓冲区中的条目。

- v：显示详细的 arp 缓冲区条目，包括缓冲区条目的统计信息。

- f：设置主机的 IP 地址与 MAC 地址的静态映射。

使用 arp 命令查看缓冲区信息，运行结果如图 9-12 所示。

```
[root@localhost ~]# arp
Address                  HWtype  HWaddress           Flags Mask            Iface
192.168.30.254           ether   00:50:56:ec:d4:10   C                     ens33
_gateway                 ether   00:50:56:e2:dd:50   C                     ens33
```

图 9-12　用 arp 命令查看缓冲区信息

使用 arp –v 命令显示详细的 arp 缓冲区条目，运行结果如图 9-13 所示。

```
[root@localhost ~]# arp -v
Address                  HWtype  HWaddress           Flags Mask            Iface
192.168.30.254           ether   00:50:56:ec:d4:10   C                     ens33
_gateway                 ether   00:50:56:e2:dd:50   C                     ens33
Entries: 2      Skipped: 0      Found: 2
```

图 9-13　用 arp-v 命令显示详细的缓冲区条目

（七）nslookup 命令

nslookup 命令用于查询域名的信息。如果使用者想查看 IP 地址的域名，可以用 nslookup 命令。

nslookup 命令的语法如下。

nslookup（选项）要查询的域名

选项含义如下。

-sil：指定要查询的域名。

使用 nslookup 命令查询百度网站的域名，运行结果如图 9-14 所示。

```
[root@localhost ~]# nslookup www.baidu.com
Server:         192.168.30.2
Address:        192.168.30.2#53

Non-authoritative answer:
www.baidu.com   canonical name = www.a.shifen.com.
Name:   www.a.shifen.com
Address: 14.119.104.189
Name:   www.a.shifen.com
Address: 14.119.104.254
```

图 9-14　用 nslookup 命令查询域名

从图 9-14 可以看出，该命令既可以查询 DNS 服务器的信息（包含在 Server 中）；也可以查询域名的 IP 地址（包含在 Address 中）。

【例 9-1】网络调试命令综合运用。

具体操作步骤如下。

（1）使用命令 ping -c 3 www.ryjiaoyu.com 测试网络连通性，运行结果如图 9-15 所示。

```
[root@192 ~]# ping -c 3 www.ryjiaoyu.com
PING www.ryjiaoyu.com (39.96.127.170) 56(84) bytes of data.
64 bytes from 39.96.127.170 (39.96.127.170): icmp_seq=1 ttl=128 time=46.4 ms
64 bytes from 39.96.127.170 (39.96.127.170): icmp_seq=2 ttl=128 time=46.6 ms
64 bytes from 39.96.127.170 (39.96.127.170): icmp_seq=3 ttl=128 time=46.3 ms

--- www.ryjiaoyu.com ping statistics ---
3 packets transmitted, 3 received, 0% packet loss, time 6ms
rtt min/avg/max/mdev = 46.251/46.412/46.589/0.284 ms
```

图 9-15　ping 命令的使用

（2）使用命令 netstat –r 和 netstat –s 命令显示网络状况，运行结果分别如图 9-16 和图 9-17 所示。

```
[root@localhost ~]# netstat -r
Kernel IP routing table
Destination     Gateway         Genmask         Flags   MSS Window  irtt Iface
default         _gateway        0.0.0.0         UG        0 0          0 ens33
192.168.30.0    0.0.0.0         255.255.255.0   U         0 0          0 ens33
192.168.122.0   0.0.0.0         255.255.255.0   U         0 0          0 virbr0
```

图 9-16　使用命令 netstat –r

Linux 操作系统基础与应用（RHEL 8.1）（第 2 版）

```
[root@localhost ~]# netstat -s
Ip:
    Forwarding: 1
    574 total packets received
    1 with invalid addresses
    0 forwarded
    0 incoming packets discarded
    426 incoming packets delivered
    695 requests sent out
    239 dropped because of missing route
Icmp:
    235 ICMP messages received
    0 input ICMP message failed
    ICMP input histogram:
        destination unreachable: 12
        timeout in transit: 6
        echo replies: 217
    232 ICMP messages sent
    0 ICMP messages failed
    ICMP output histogram:
        destination unreachable: 12
        echo requests: 220
IcmpMsg:
        InType0: 217
        InType3: 12
        InType11: 6
        OutType3: 12
        OutType8: 220
```

图 9-17　使用命令 netstat –s

（3）使用命令 arp -a 显示地址协议，运行结果如图 9-18 所示。

```
[root@localhost ~]# arp -a
? (192.168.30.254) at 00:50:56:ec:d4:10 [ether] on ens33
_gateway (192.168.30.2) at 00:50:56:e2:dd:50 [ether] on ens33
[root@localhost ~]# arp -v
Address                  HWtype  HWaddress           Flags Mask            Iface
192.168.30.254           ether   00:50:56:ec:d4:10   C                     ens33
_gateway                 ether   00:50:56:e2:dd:50   C                     ens33
Entries: 2    Skipped: 0    Found: 2
```

图 9-18　使用命令 arp

（八）ss 命令

ss 是 socket statistics 的缩写。ss 命令用来显示处于活动状态的套接字信息，它可以显示和 netstat 命令类似的内容。ss 命令的优势在于它能够显示更多更详细的有关 TCP 和连接状态的信息，而且比 netstat 命令更快速更高效。

ss 命令的语法如下。

ss（选项）

选项含义如下。

-n：不解析服务名称，以数字形式显示。

-t：只显示 TCP 套接字。

-u：只显示 UDP 套接字。

-a：显示全部套接字。

-l：显示处于监听状态的套接字。

-e：显示详细的套接字信息。

-m：显示套接字的内存使用情况。

-p：显示使用套接字的进程。

-i：显示内部的 TCP 信息。

-s：显示套接字使用概况。

使用 ss 命令查询套接字使用情况，运行结果如图 9-19 所示。

```
[root@localhost ~]# ss -s
Total: 1198
TCP:   8 (estab 0, closed 1, orphaned 0, timewait 0)

Transport Total     IP        IPv6
RAW       1         0         1
UDP       9         6         3
TCP       7         4         3
INET      17        10        7
FRAG      0         0         0
```

图 9-19　使用 ss 命令查询套接字使用情况

任务 9.3　配置 TCP/IP 网络参数

学习任务

通过阅读文献、查阅资料，了解与认识 TCP/IP 网络参数。在命令行状态下，网络参数的配置命令主要有 ifconfig、ifup、ifdown、route 等。NetworkManager 是目前 Linux 系统中提供网络连接管理服务的一套常用软件，支持传统的 ifcfg 类型配置文件。NetworkManager 有自己的网络管理命令行工具——nmcli，用户可以使用它来查询和管理网络状态。NetworkManager 可用于以下连接类型：以太网、VLAN、网桥、绑定、成组、Wi-Fi、移动宽带（如移动网络 3G）以及 IP-over-InfiniBand。在这些连接类型中，NetworkManager 可配置网络别名、IP 地址、静态路由器、DNS 信息、VPN 连接等具体连接参数。NetworkManager 通过 D-Bus 提供 API。D-Bus 允许应用程序查询并控制网络配置及状态。

（一）使用命令方式配置网络参数

本节主要介绍 ifup 命令、ifdown 命令、route 命令和 hostname 命令在网络参数配置中的常见用法。

1. 基本命令

（1）ifup 命令。

ifup 命令用于激活指定的网络接口。

ifup 命令语法如下。

ifup（参数）

其中，参数表示要激活的网络接口，如 eth0、eth1 等。

（2）ifdown 命令。

ifdown 命令用于禁用指定的网络接口。

ifdown 命令语法如下。

ifdown（参数）

其中，参数表示要禁用的网络接口，如 eth0、eth1 等。

（3）route 命令。

route 命令用于显示和操作 IP 路由表。

route 命令语法如下。

route（选项）

选项含义如下。

add：增加路由。

del：删除路由。

net：设置到某个网段的路由。

host：设置到某台主机的路由。

gw：设置出口网关 IP 地址。

dev：设置出口网关的物理设备。

（4）hostname 命令。

hostname 命令用于查看或者临时更改计算机的名称。

hostname 命令语法如下。

hostname 主机名

2. 命令的使用

- 激活网络接口 eth0，命令如下：

ifup eth0

- 禁用网络接口 eth0，命令如下：

ifdown eth0

- 将网络接口 eth0 设置为动态获取 IP 地址，命令如下：

ifconfig eth0 dynamic

- 为系统添加默认网关 192.168.99.100，命令如下：

route add default gw 192.168.99.100

（二）使用 NetworkManager 配置网络参数

1. NetworkManager 简介

NetworkManager 的配置文件和脚本保存在/etc/sysconfig/目录中。大多数网络配置信息都保存在这里，VPN、移动宽带及 PPPoE 配置除外，这几个配置保存在/etc/NetworkManager/子目录中。例如，接口的具体信息保存在/etc/sysconfig/network-scripts/目录下的 ifcfg-*文件中。全局设置使用/etc/sysconfig/network 文件。在命令行中，可以使用 nmcli 命令与 NetworkManager 进行交互。

2. NetworkManager 使用方式

（1）命令 nmcli dev status 可查看网卡的硬件信息，运行结果如图 9-20 所示。

图 9-20　使用命令 nmcli dev status

（2）命令 nmcli connection show 可查看所有网卡的连接信息，运行结果如图 9-21 所示。

```
[root@localhost ~]# nmcli connection show
NAME            UUID                                    TYPE      DEVICE
ens33           276c7ea0-6413-488e-adea-2e914e4d8e13    ethernet  ens33
virbr0          1aecf731-455f-4336-bc75-c2a1e234fcef    bridge    virbr0
System ens192   03da7500-2101-c722-2438-d0d006c28c73    ethernet  --
```

图 9-21　使用命令 nmcli connection show

在图 9-21 中，UUID 表示网卡的唯一识别号，该识别号由一系列数字、字母和短横线组成，该识别号从网卡 MAC 地址中获得。

（3）命令 nmcli　connection show "ens33"可查看网络连接配置，在这里 ens33 为本机使用的网卡，运行结果如图 9-22 所示。

```
[root@localhost ~]# nmcli connection show "ens33"
connection.id:                   ens33
connection.uuid:                 276c7ea0-6413-488e-adea-2e914e4d8e13
connection.stable-id:            --
connection.type:                 802-3-ethernet
connection.interface-name:       ens33
connection.autoconnect:          是
connection.autoconnect-priority: 0
connection.autoconnect-retries:  -1 (default)
connection.multi-connect:        0 (default)
connection.auth-retries:         -1
connection.timestamp:            1681887194
connection.read-only:            否
connection.permissions:          --
connection.zone:                 --
connection.master:               --
connection.slave-type:           --
connection.autoconnect-slaves:   -1 (default)
connection.secondaries:          --
connection.gateway-ping-timeout: 0
connection.metered:              未知
connection.lldp:                 default
connection.mdns:                 -1 (default)
connection.llmnr:                -1 (default)
connection.wait-device-timeout:  -1
802-3-ethernet.port:
```

图 9-22　显示网络连接配置

表 9-1 列出了一些关键的 nmcli 命令。

表 9-1　关键的 nmcli 命令

命令	用途
nmcli　connection show	显示所有网卡连接信息
nmcli　connection show --active	显示所有活动的连接
nmcli　connection show "ens33"	显示网络连接配置
nmcli　dev status	显示设备状态（网卡的硬件信息）
nmcli　device show ens33	显示网络接口属性
nmcli　connection reload	重新加载

（三）使用图形化界面配置网络参数

用户可使用图形化界面完成对网络接口的配置操作，运行 nmtui 命令即可进入操作界面。

运行界面如图 9-23 所示。

在该界面中，选中"编辑连接"并单击"确定"，即可进入配置界面，如图 9-24 所示。

图 9-23　运行界面

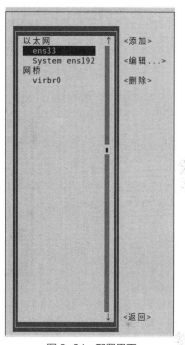

图 9-24　配置界面

在图 9-24 所示界面中选中 ens33，并单击右侧的"编辑"，即可进入编辑连接界面，如图 9-25 所示。

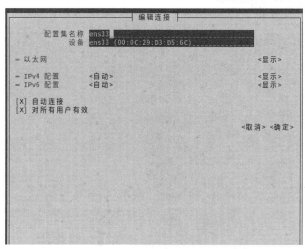

图 9-25　编辑连接界面

在该界面中用户可对 IPv4 配置实施不同的配置方式，如禁用、自动等，在配置完成后单击"确定"，如图 9-26 所示。

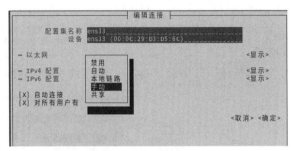

图 9-26　修改配置方式

在配置完成后选中"启用连接"，如图 9-27 所示，单击"确定"即可生效之前的配置。

图 9-27　启用连接

（四）使用配置文件直接配置网络参数

在 Linux 中可以通过网络工具配置网络接口，同时也可以通过修改配置文件直接配置网络参数。了解 Linux 中的配置文件十分重要，从网络配置文件中可以清楚地知道 Linux 是如何通过工具修改配置的，以及该配置方式是如何生效的。

Linux 中的网络配置文件位于/etc 目录下，如图 9-28 所示。

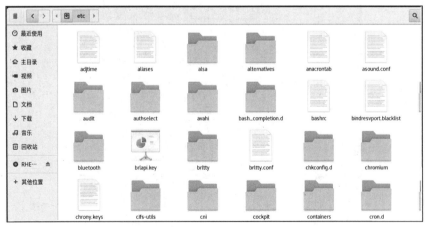

图 9-28　/etc 目录

下面详细介绍/etc 目录中包含的网络配置文件。

（1）/etc/services

services 文件列出了系统中所有可用的网络服务、使用的端口号及通信协议等数据。如果两个网络服务需要使用同一个通信端口，那么它们应该使用不同的通信协议。值得注意的是，用户一般不修改此文件的相关内容。

（2）/etc/hosts

hosts 文件是配置 IP 地址和其对应主机名的文件，这里可以记录本机或其他主机的 IP 地址及其对应的主机名。在不同的 Linux 版本中，这个配置文件也可能不同。hosts 文件的作用是将一些常用的网址域名和与其对应的 IP 地址建立一个关联"数据库"，当用户在浏览器中输入一个需要登录的网址时，系统会自动从 hosts 文件中寻找对应的 IP 地址，一旦找到，系统会立即打开对应网页，如果没有找到，则系统会再将网址提交给域名解析服务器进行 IP 地址的解析。

查看 hosts 文件的命令如下。

```
[root@localhost ~]# cat /etc/hosts
```

运行结果如图 9-29 所示。

```
[root@localhost ~]# cat /etc/hosts
127.0.0.1    localhost localhost.localdomain localhost4 localhost4.localdomain4
::1          localhost localhost.localdomain localhost6 localhost6.localdomain6
```

图 9-29　查看 hosts 文件

（3）/etc/resolv.conf

/etc/resolv.conf 文件是 DNS 客户机配置文件，用于设置 DNS 服务器的 IP 地址及域名，包含主机的域名搜索顺序。

该文件的参数含义如下。

- nameserver：定义 DNS 服务器的 IP 地址。
- domain：定义本地域名。
- search：定义域名的搜索列表。
- sortlist：对返回的域名进行排序。

（4）/etc/sysconfig/network-scripts

network-scripts 目录包含网络接口的配置文件及网络命令。

该目录中的参数如下。

- ifcfg-ethx：代表第 x 块网卡接口的配置信息。如 eth0、eth1 等代表不同的网卡信息。
- ifcfg-lo：定义本地回送接口的相关信息。
- network-functions：包括用于激活和关停接口设备的脚本函数。
- aliases：别名系统，用来定义网卡别名。

使用 vim /etc/sysconfig/network-scripts/ifcfg-ens33 命令编辑网卡的配置文件，如下所示。

```
[root@localhost ~]# vim /etc/sysconfig/network-scripts/ifcfg-ens33
```

运行结果如图 9-30 所示。

（5）/etc/hosts.allow 和/etc/hosts.deny

/etc/hosts.allow：设置允许使用 xinetd 服务的计算机。

/etc/hosts.deny：设置不允许使用 xinetd 服务的计算机。

```
DEFROUTE=yes
IPV4_FAILURE_FATAL=no
IPV6INIT=yes
IPV6_AUTOCONF=yes
IPV6_DEFROUTE=yes
IPV6_FAILURE_FATAL=no
IPV6_ADDR_GEN_MODE=stable-privacy
NAME=ens33
UUID=276c7ea0-6413-488e-adea-2e914e4d8e13
DEVICE=ens33
ONBOOT=yes




"/etc/sysconfig/network-scripts/ifcfg-ens33" 15L, 280C
```

图 9-30　编辑网卡配置文件

（6）/etc/passwd

Passwd 文件是指用户密码文件，其中/etc/issue 代表系统进站的提示信息，/etc/issue.net 代表 Telnet 时的显示信息，/etc/motd 代表用户进入系统后的提示信息，/etc/ld.so.conf 代表动态链接库文件的目录列表。

查看 passwd 文件内容如图 9-31 所示。

```
[root@localhost ~]# cat /etc/passwd
root:x:0:0:root:/root:/bin/bash
bin:x:1:1:bin:/bin:/sbin/nologin
daemon:x:2:2:daemon:/sbin:/sbin/nologin
adm:x:3:4:adm:/var/adm:/sbin/nologin
lp:x:4:7:lp:/var/spool/lpd:/sbin/nologin
sync:x:5:0:sync:/sbin:/bin/sync
shutdown:x:6:0:shutdown:/sbin:/sbin/shutdown
halt:x:7:0:halt:/sbin:/sbin/halt
mail:x:8:12:mail:/var/spool/mail:/sbin/nologin
operator:x:11:0:operator:/root:/sbin/nologin
games:x:12:100:games:/usr/games:/sbin/nologin
ftp:x:14:50:FTP User:/var/ftp:/sbin/nologin
nobody:x:65534:65534:Kernel Overflow User:/:/sbin/nologin
dbus:x:81:81:System message bus:/:/sbin/nologin
systemd-coredump:x:999:997:systemd Core Dumper:/:/sbin/nologin
systemd-resolve:x:193:193:systemd Resolver:/:/sbin/nologin
tss:x:59:59:Account used by the trousers package to sandbox the tcsd daemon:/dev/null:/sbin/nologin
polkitd:x:998:996:User for polkitd:/:/sbin/nologin
geoclue:x:997:995:User for geoclue:/var/lib/geoclue:/sbin/nologin
rtkit:x:172:172:RealtimeKit:/proc:/sbin/nologin
pulse:x:171:171:PulseAudio System Daemon:/var/run/pulse:/sbin/nologin
qemu:x:107:107:qemu user:/:/sbin/nologin
usbmuxd:x:113:113:usbmuxd user:/:/sbin/nologin
unbound:x:996:991:Unbound DNS resolver:/etc/unbound:/sbin/nologin
rpc:x:32:32:Rpcbind Daemon:/var/lib/rpcbind:/sbin/nologin
```

图 9-31　查看 passwd 文件内容

项目小结

（1）TCP/IP 是 transmission control protocol/internet protocol 的缩写，译为传输控制协议/互联网协议，是互联网最基本的协议，学习了解 TCP/IP 主要的网络参数有助于更好地进行网络配置。

（2）在 Linux 中常见的网络调试命令有 ping、netstat、tracepath、ifconfig、arp、nslookup 等。

（3）使用命令方式配置网络参数的常见命令有 ifup、ifdown、route、hostname 等。

（4）NetworkManager 是目前 Linux 系统中提供网络连接管理服务的一套软件，支持传统的 ifcfg 类型配置文件。NetworkManager 有自己的网络管理命令行工具——nmcli，用户可以使用该工具来查询和管理网络状态。在 Linux 中可以通过网络工具配置网络接口，同时也可以通过修改配置文件直接配置网络参数。Linux 中的网络配置文件位于/etc 目录下。

项目实训　网络配置综合实训

1. 实训目的

（1）掌握 Linux 中的网络调试命令。

（2）掌握 Linux 中网络参数的配置方式。

2. 实训内容

（1）登录 Linux，启动 Shell。

（2）使用 ping 命令测试网络。

（3）使用 netstat 命令查看网络状态。

（4）使用 tracepath 命令追踪数据包在网络上传输时的路径。

（5）使用 ifconfig 命令显示或配置 Linux 中的网络设备。

（6）使用 ifup 命令激活指定的网络接口。

（7）使用 ifdown 命令禁用指定的网络接口。

（8）使用 route 命令显示和操作 IP 路由表。

（9）使用 hostname 命令查看或者临时更改计算机的名称。

（10）使用 NetworkManager 的配置文件查看网卡信息。

综合练习

1. 选择题

（1）测试网络是否连通的命令是（　　　）。

    A. ping   B. root   C. route   D. ip

（2）查看网络状态的命令是（　　　）。

    A. netstat   B. ping   C. tcp   D. ifconfig

（3）nameserver 的含义是（　　　）。

    A. 定义服务器的 IP 地址   B. 定义 DNS 服务器的 IP 地址

    C. 定义 DNS 服务器的所有地址   D. 查询 DNS 服务器的 IP 地址

（4）ifcfg-ethx 的含义是（　　）。

    A. 第 1 块网卡接口的配置信息　　　　　B. 第 2 块网卡接口的配置信息

    C. 第 x 块网卡接口的使用信息　　　　　D. 第 x 块网卡接口的配置信息

（5）（　　）命令用于显示和操作 IP 路由表。

    A. ls　　　　　　B. route　　　　　C. cal　　　　　D. ip

（6）（　　）命令用于激活指定的网络接口。

    A. ifup　　　　　B. ifdown　　　　C. route　　　　D. ip

（7）nmcli dev 命令的含义是（　　）。

    A. 修改网卡的基本信息　　　　　　　　B. 查看网卡的基本信息

    C. 设置网卡的基本信息　　　　　　　　D. 删除网卡的基本信息

（8）arp 命令的含义是（　　）。

    A. 用于操作主机的 arp 缓冲区　　　　　B. 用于删除主机的 arp 缓冲区

    C. 用于修改主机的 arp 缓冲区　　　　　D. 用于登录主机的 arp 缓冲区

2. 简答题

（1）简述 TCP/IP 的特点。

（2）简述 ping 命令的主要功能。

（3）简述 NetworkManager 的配置文件的使用方式。

Linux 操作系统基础与应用（RHEL 8.1）（第 2 版）

项目 10

Linux远程管理

【项目导入】

本项目先介绍 Linux 操作系统下的两种远程登录管理方式，然后介绍常用的远程桌面登录服务器 vino-vnc 的启动、配置以及登录，tiger-vnc 服务器的安装、启动、配置以及登录，最后介绍远程命令行界面登录服务器 OpenSSH 的安装、启动、配置以及登录。

【项目要点】

① 安装、启动与配置 VNC 远程桌面。
② 登录 VNC 远程桌面。
③ 安装、启动与配置 OpenSSH 服务器。
④ 登录 OpenSSH 服务器。

【素养提升】

远程办公和在线办公已经成为人们日常工作中的重要办公模式。要深化网络安全审查和监管，加强网络基础设施安全防护，提高网络安全防护能力。我们在使用 Linux 的远程管理工具进行远程连接时，也需要时刻注意信息安全的问题，谨防数据信息的泄露。

任务 10.1　VNC 远程桌面登录管理

学习任务

通过阅读文献、查阅资料，了解与认识 Linux 的远程桌面登录管理。在实际应用中，往往需要远程登录 Linux 系统来对 Linux 进行配置和管理。远程登录 Linux 系统可以使用远程的图形化界面（远程桌面），也可以使用远程的命令行界面（Shell）。使用远程的图形化界面可以使用 VNC（virtual network console，虚拟网络控制台）远程桌面服务器，使用远程的命令行界面可以使用 OpenSSH 服务器。

（一）远程桌面概述

Linux 下的 VNC 最初是由美国贝尔实验室开发的远程桌面控制软件，通过 GPL（GNU general public license，GNU 通用公共许可证）授权的形式开源。经过多年的发展，VNC 衍生出多个版本，如 RealVNC、TigerVNC、TightVNC 等。RHEL 系统中常用的两种 VNC 远程桌面系统是 vino-vnc 和 tiger-vnc。vino-vnc 在安装 GNOME 桌面环境时默认安装，是一种轻量级的 VNC 远程桌面控制系统，设置及使用非常简单。tiger-vnc 需要单独安装，可进行灵活多变的功能设置。这两种远程桌面控制系统的软件在安装光盘中都可以找到，也可以在相关网站上下载。Linux 系统和 Windows 系统都可以使用 TigerVNC 等 VNC 客户端软件进行远程桌面登录。

（二）vino-vnc 远程桌面

在 RHEL 的 GNOME 桌面环境中，vino-vnc 默认已安装但没有运行，可通过如下两种方法启动。

- 在空白位置右键单击"设置"→"共享"→"屏幕共享"。
- 弹出"屏幕共享"对话框，如图 10-1 所示。在 RHEL 8.1 中，对不同的功能进行了细分，因此当前对话框中只显示有关"屏幕共享"的内容，经过设置后，可以允许其他计算机访问并控制 RHEL 8.1 的桌面系统。

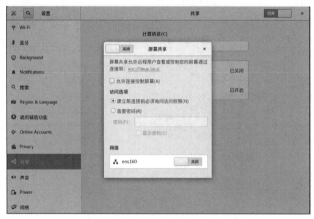

图 10-1　"屏幕共享"对话框

无论选择何种共享模式，控制端和被控制端将显示同样的桌面。在这一点上，vino-vnc 类似 Windows 系统的"远程协助"。vino-vnc 允许多个用户同时登录，多个用户和服务器端也共享相同的桌面环境，即多个用户看到的界面是一样的。任何一个用户的操作及操作的结果，服务器端和远程登录用户端都会同步显示。

【例 10-1】设置 vino-vnc，要求打开屏幕共享功能，允许连接控制屏幕，用户输入密码 1234，不必为本计算机确认每个访问。

运行 vino-vnc，在图 10-1 所示的"屏幕共享"对话框中，单击左上角按钮打开"屏幕共享功能"，勾选复选框"允许连接控制屏幕"，选中单选项"需要密码"。此时，"密码"文本框变成可编辑状态，输入密码 1234（密码显示为黑点），最后单击"关闭"按钮，如图 10-2 所示。

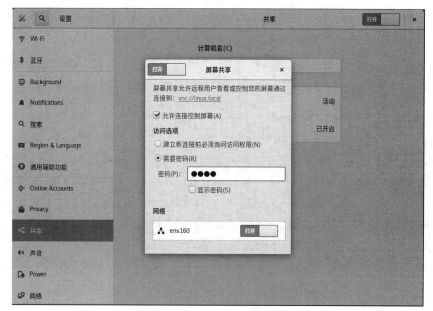

图 10-2　设置屏幕共享

【例 10-2】在 Windows 系统中远程登录例 10-1 中设置并运行的 vino-vnc 服务器。

具体操作步骤如下。

（1）查询 VNC 服务器的 IP 地址。

使用 ifconfig 命令可显示当前的 IP 地址等网络参数信息。

```
[root@localhost ~]# ifconfig
ens160: flags=4163<UP,BROADCAST,RUNNING,MULTICAST>    mtu 1500
        inet 192.168.1.131    netmask 255.255.255.0    broadcast 192.168.1.255
        inet6 fe80::aacb:fe6e:c2b2:72a4    prefixlen 64    scopeid 0x20<link>
        ether 00:0c:29:23:58:bf    txqueuelen 1000    (Ethernet)
        RX packets 47    bytes 4849 (4.7 KiB)
        RX errors 0    dropped 0    overruns 0    frame 0
        TX packets 89    bytes 9811 (9.5 KiB)
        TX errors 0    dropped 0 overruns 0    carrier 0    collisions 0
```

上述信息表示服务器的 IP 地址为 192.168.1.131。

（2）关闭 VNC 服务器端的防火墙。

防火墙默认阻止客户端对 vino-vnc 服务器的访问，可设置防火墙允许客户端对 vino-vnc 服务器的访问，也可简单地将防火墙关闭。

关闭防火墙并查看防火墙状态的命令如图 10-3 所示。第一条命令 "systemctl stop firewalld" 为关闭防火墙命令，该命令不会显示任何内容，我们需要通过第二条命令查看当前防火墙状态，即命令 "systemctl status firewalld"。反馈的信息中，小圆点的颜色为白色，则表示防火墙关闭成功。

图 10-3　关闭防火墙并查看防火墙状态

（3）使用客户端软件登录 vino-vnc 服务器。

首先设置客户端和服务器网络参数，使客户端能够访问到服务器。本例使用远程客户端软件 TigerVNC Viewer-1.13.80。该软件为绿色软件，直接运行该软件即可。在 VNC server 文本框中输入 vino-vnc 服务器的 IP 地址 192.168.1.131，如图 10-4 所示。

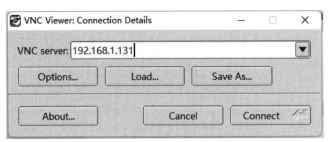

图 10-4　输入服务器 IP 地址

（4）在图 10-4 所示界面中单击 "Connect" 按钮，弹出 "VNC authentication" 对话框，在 "Password" 文本框中输入 "1234"（密码显示为黑点）。

（5）单击 "OK" 按钮，远程登录成功，显示远程桌面，如图 10-5 所示。

图 10-5　远程登录 vino-vnc

（三）tiger-vnc 远程桌面

tiger-vnc 是一个开源、免费的远程桌面软件，它采用 VNC 协议作为远程桌面的传输协议。tiger-vnc 对 Linux 及 UNIX 系统进行了重构，使其更加高效、安全，并且可扩展性更好。类似其他的远程桌面软件，tiger-vnc 允许用户远程登录到另一台计算机，并在本地计算机上以图形化的方式使用远程计算机。

1. 安装 tiger-vnc

tiger-vnc 可通过 RHEL 8.1 安装光盘来安装，也可在相关网站下载最新版本来安装。tiger-vnc 软件包的名称是 tigervnc-server-1.9.0-10.el8.x86_64.rpm，路径为/run/media/localhost/RHEL-8-1-0-BaseOS-x86_64/AppStream/Packages 子目录。

【例 10-3】通过安装光盘安装 tiger-vnc 软件包。

挂载安装光盘，进入安装光盘的 Packages 目录。执行如下安装命令。

```
[root@localhost Packages]# rpm -ivh tigervnc-server-1.9.0-10.el8.x86_64.rpm
警告：tigervnc-server-1.9.0-10.el8.x86_64.rpm: 头 V3 RSA/SHA256 Signature, 密钥 ID fd431d51: NOKEY
Verifying...                        ################################# [100%]
准备中...                           ################################# [100%]
    软件包 tigervnc-server-1.9.0-10.el8.x86_64 已经安装
```

2. 设置 VNC 用户

tiger-vnc 的配置文件是/etc/sysconfig/vncservers，在此文件中配置 VNC 的访问用户及进行其他访问参数设置。常用格式如下。

```
VNCSERVERS= "桌面号:用户名    桌面号:用户名 ..."
VNCSERVERARGS[桌面号]="-geometry 显示器分辨率 –alwaysshared "
```

```
VNCSERVERARGS[桌面号]="-geometry 显示器分辨率 –alwaysshared "
```

参数含义如下。

桌面号：设置桌面号。tiger-vnc 为客户端的每个连接分配一个桌面号，也可以多个连接对应一个桌面号。每个桌面号对应系统中的一个用户，每个远程连接拥有相应用户的权限。桌面号为从 1 开始的整数。

用户名：系统中存在的用户。

geometry：设置客户端的显示器分辨率，默认设置为 1024×768。

alwaysshared：设置多个用户共享桌面，默认设置为不共享。

【例 10-4】设置 root 用户的桌面号为 1，分辨率为 800×600。

修改配置文件/etc/sysconfig/vncservers 为如下内容。

```
VNCSERVERS="1:root"
VNCSERVERARGS[1]="-geometry 800x600 "
```

【例 10-5】设置 root 用户的桌面号为 1、分辨率为 800×600，用户 student1 的桌面号为 2、分辨率为 800×600。

在系统中创建用户 student1，修改例 10-4 中设置的配置文件/etc/sysconfig/vncservers 为如下内容。

```
VNCSERVERS="1:root    2:student1"
VNCSERVERARGS[1]="-geometry 800x600"
VNCSERVERARGS[2]="-geometry 800x600"
```

3. 设置 VNC 用户密码

用户的密码被保存在用户主目录/vnc 目录下的 passwd 文件中。在设置 VNC 用户密码时，需要切换到该用户，或以该用户登录系统，然后在终端执行 vncpasswd 命令。在没有设置 VNC 用户密码时，VNC 服务器将不会启动。密码需要重复输入 2 次，且最少有 6 个字符。

【例 10-6】设置例 10-5 中的 root、student1 这两个用户的 VNC 密码分别为 123456 和 1234561。

```
[root@localhost ~]# vncpasswd
Password:
Verify:
Would you like to enter a view-only password (y/n)? n
A view-only password is not used
[root@localhost ~]# su student1
[student1@localhost root]$ vncpasswd
Password:
Verify:
Would you like to enter a view-only password (y/n)? n
A view-only password is not used
[student1@localhost root]$
```

在第 1 个 "Password:" "Verify:" 中分别输入 123456，在第 2 个 "Password:" "Verify:" 中分别输入 1234561。值得注意的是，输入的密码不显示。

4. 管理 tiger-vnc 服务器

使用命令管理 tiger-vnc 服务器，格式如下：

```
service vncserver [start|stop|restart|status]
```

tiger-vnc 的服务器名为 vncserver，start、stop、restart、status 分别表示启动、停止、重启和查询 tiger-vnc 服务器状态。

【例 10-7】使用 service 命令启动 tiger-vnc，其中 VNC 用户按照例 10-5 设置，VNC 用户密码按照例 10-6 设置。

```
[root@localhost ~]# service vncserver start
正在启动 VNC 服务器：1:root xauth:   file /root/.Xauthority does not exist
xauth: (stdin):1:   bad display name "RHEL8.1" in "add" command

New ' RHEL8.1 (root)' desktop is RHEL8.1

Creating default startup script /root/.vnc/xstartup
Starting applications specified in /root/.vnc/xstartup
Log file is /root/.vnc/ RHEL8.1.log

New ' RHEL8.1 (student1)' desktop is RHEL8.1

Creating default startup script /home/student1/.vnc/xstartup
Starting applications specified in /home/student1/.vnc/xstartup


Log file is /home/student1/.vnc/RHEL6.9:2.log
```

5. 查看当前用户的 tiger-vnc 桌面号

用户、桌面号以及端口号是一一对应的。远程登录时，可以根据 IP 地址和桌面号登录，无须输入端口号以及用户名。查看当前用户的桌面号命令如下。

```
vncserver   –list
```

【例 10-8】查看 root 用户的桌面号。

```
[root@localhost Packages]# vncserver -list

TigerVNC server sessions:

X DISPLAY #        PROCESS ID
:1              3364
```

上述显示信息表示 root 用户的桌面号为 1。

6. 登录 tiger-vnc 服务器

【例 10-9】使用 IP 地址和桌面号远程登录例 10-7 中启动的 VNC 服务器。VNC 服务器的 IP 地址为 192.168.1.131，桌面号为 1，访问密码为 123456。

具体操作步骤如下。

（1）运行 VNC Viewer，输入 IP 地址，如图 10-6 所示。

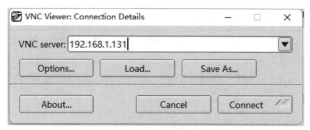

图 10-6　输入 IP 地址

（2）在图 10-6 所示界面中单击"Connect"按钮，弹出"VNC authentication"对话框，在 "Password"文本框中输入"123456"（密码显示为黑点）。

（3）单击"OK"按钮，远程登录成功，显示远程桌面，如图 10-7 所示。

图 10-7　远程登录 tiger-vnc 服务器

任务 10.2　OpenSSH 远程登录管理

学习任务

通过阅读文献、查阅资料，了解与认识 Linux 的 OpenSSH 远程登录管理。传统的 Telnet 等远程登录方式采用明文方式进行数据传输，难以保证数据的安全。SSH（secure shell，安全外壳）是建立在应用层基础上的安全协议，是目前较可靠、专为远程登录会话和其他网络服务提供安全性的协议。利用 SSH 协议可以有效防止远程管理过程中的信息泄露。SSH 允许两台计算机之间通过安全的连接进行数据交换，并采用加密的方式保证数据的保密性和完整性。

（一）认识 OpenSSH

　　SSH 是一种协议，存在多种实现，既有商业实现，也有开源实现，在 RHEL 中采用的是 OpenSSH。OpenSSH 是基于 SSH 协议开发的免费开源软件，用于在网络上由一台计算机远程连接另外一台计算机。OpenSSH 提供服务器端程序和客户端工具，能够加密服务器和客户端之间在远程文件传输过程中的所有数据，从而规避在非安全网络中的窃听、拦截和其他攻击所造成的危害，并代替传统远程控制方式，如 FTP、Telnet 等。目前 OpenSSH 分为服务器端和客户端。

（二）配置 OpenSSH 服务器

1．OpenSSH 的安装

　　OpenSSH 在 RHEL 8.1 中默认已安装，并且开机自动运行。防火墙默认允许客户端远程登录访问，因此不需要对防火墙进行单独设置。

　　【例 10-10】查询 OpenSSH 服务器是否安装。

```
[root@localhost ~]# rpm -qa | grep openssh-server
openssh-server-8.0p1-3.el8.x86_64
[root@localhost ~]#
```

　　上述信息显示 OpenSSH 服务器已经安装。

2．启动、关闭、重启 OpenSSH 服务器与查看当前状态

　　管理 OpenSSH 服务器的命令格式如下：

```
service sshd [start|stop|restart|status]
```

　　OpenSSH 服务器的名称为 sshd，start、stop、restart 和 status 分别表示启动、停止、重启和查看 OpenSSH 服务器的当前状态。

　　【例 10-11】查看 OpenSSH 服务器当前的状态。

```
[root@localhost ~]# service sshd status
Redirecting to /bin/systemctl status sshd.service
● sshd.service - OpenSSH server daemon
   Loaded: loaded (/usr/lib/systemd/system/sshd.service; enabled; vendor preset>
   Active: active (running) since Sun 2023-04-16 08:17:50 EDT; 40min ago
     Docs: man:sshd(8)
           man:sshd_config(5)
 Main PID: 1463 (sshd)
    Tasks: 1 (limit: 11329)
   Memory: 1.3M
   CGroup: /system.slice/sshd.service
           └─1463 /usr/sbin/sshd -D -oCiphers=aes256-gcm@openssh.com,chacha20-p>

4 月  16 08:17:50 localhost.localdomain systemd[1]: Starting OpenSSH server daemo>
4 月  16 08:17:50 localhost.localdomain sshd[1463]: Server listening on 0.0.0.0 p>
4 月  16 08:17:50 localhost.localdomain sshd[1463]: Server listening on :: port 2>
```

4 月 16 08:17:50 localhost.localdomain systemd[1]: Started OpenSSH server daemon.

上述信息显示 OpenSSH 服务器正在运行。在不同系统中，OpenSSH 进程的 PID 可能不一样，本例中的 PID 为 1463。

【例 10-12】重启 OpenSSH 服务器。

[root@localhost ~]# systemctl restart sshd.service

[root@localhost ~]#

上述命令无返回信息，表示 OpenSSH 服务器先停止，然后又启动。

3. OpenSSH 服务器的配置文件/etc/ssh/sshd_config

配置文件/etc/ssh/sshd-config 中提供对 OpenSSH 服务器运行参数的修改和设置。

常用参数设置如下。

Port：默认端口是 22。如果要将服务器端口改成其他端口，需要设置 Port 参数。

Protocol：默认使用 SSH2 协议。如果需要使用其他协议，需要设置 Protocol 参数。

【例 10-13】修改 OpenSSH 服务器的端口为 122。

修改/etc/ssh/sshd_config 的命令为：

Port 122

修改后需要重启 OpenSSH 服务器，使新的参数生效。一般情况下不需要修改端口。

（三）登录 OpenSSH 服务器

登录 OpenSSH 服务器，要先确认已经配置好服务器，并准备好客户端，且设置好网络参数。RHEL 8 在安装的时候默认已经安装 OpenSSH 客户端，不必另外安装客户端软件。如果客户端是 Windows 系统，则需要预先准备客户端软件。

1. Linux 系统登录 RHEL 的 OpenSSH 服务器

使用 ssh 命令登录 OpenSSH 服务器，其基本格式为：

ssh　[选项]　IP 地址

常用选项如下。

–l username：用指定的用户登录，默认为当前用户。

【例 10-14】登录 IP 地址为 192.168.1.131 的 OpenSSH 服务器，登录用户为 root，密码为 12345678。

[root@localhost ~]# ssh 192.168.1.131

The authenticity of host '192.168.1.131 (192.168.1.131)' can't be established.

ECDSA key fingerprint is SHA256:hW4FwRBJv5stMeHXxkYX1gfvqbWUB8cppbqLqTBJva0.

Are you sure you want to continue connecting (yes/no/[fingerprint])? yes

Warning: Permanently added '192.168.1.131' (ECDSA) to the list of known hosts.

root@192.168.1.131's password:

Activate the web console with: systemctl enable --now cockpit.socket

This system is not registered to Red Hat Insights. See https://cloud.redhat.com/

To register this system, run: insights-client --register

```
Last login: Sun Apr 16 08:18:03 2023
[root@localhost ~]#
```

首次连接 OpenSSH 服务器，用户需确认是否继续连接服务器，在"（yes/no/[fingerprint]）？"后输入"yes"，按 Enter 键，然后在"password:"后输入密码"12345678"，按 Enter 键。这样，本机就远程登录进入 OpenSSH 服务器的 Shell 了。当需要退出远程连接时，执行 exit 命令即可。

第 2 次登录时，输入用户密码即可，如下所示。

```
[root@localhost ~]# ssh 192.168.1.131
root@192.168.1.131's password:
Activate the web console with: systemctl enable --now cockpit.socket


This system is not registered to Red Hat Insights. See https://cloud.redhat.com/
To register this system, run: insights-client --register


Last login: Sun Apr 16 09:01:57 2023 from 192.168.1.131
[root@localhost ~]#
```

2. Windows 系统登录 RHEL 的 OpenSSH 服务器

Windows 系统中可使用 PuTTY 软件登录 OpenSSH 服务器。PuTTY 是一款很小的绿色软件，软件名为 putty.exe，可在相关网站下载后直接运行。PuTTY 软件可用于 Telnet、Rlogin、SSH 等多种方式登录，默认为 SSH 登录。

【例 10-15】使用 PuTTY 软件登录 OpenSSH 服务器，服务器的 IP 地址为 192.168.1.131，登录用户为 root，密码为 12345678。

具体操作步骤如下。

（1）运行 PuTTY，弹出 PuTTY 软件主界面，输入 IP 地址，如图 10-8 所示。

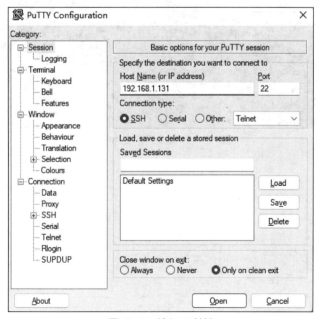

图 10-8 输入 IP 地址

（2）在图 10-8 所示界面中，单击"Open"按钮。首次运行 PuTTY 软件将弹出"PuTTY Security Alert"对话框，如图 10-9 所示，单击"是"按钮，进入图 10-10 所示的界面。

（3）在图 10-10 所示界面中，按照提示输入用户名 root 和密码 12345678（密码不显示），即以 root 用户身份登录远程服务器的 Shell。

图 10-9 "PuTTY Security Alert"对话框

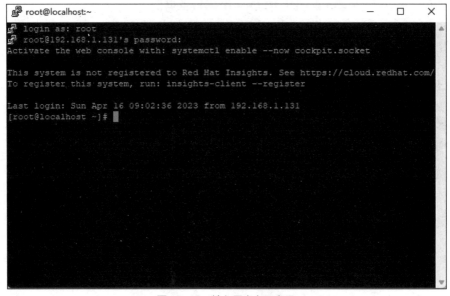

图 10-10 输入用户名和密码

项目小结

（1）启动与配置 vino-vnc 远程桌面。

（2）登录 vino-vnc 远程桌面。

（3）安装、启动与配置 tiger-vnc 远程桌面。

（4）登录 tiger-vnc 远程桌面。

（5）安装、启动与配置 OpenSSH 服务器。

（6）登录 OpenSSH 服务器。

项目实训　Linux 远程管理综合实训

1. 实训目的

（1）掌握启动与配置 VNC 远程桌面的方法。

（2）掌握登录 VNC 远程桌面的方法。

（3）掌握安装、启动与配置 OpenSSH 服务器的方法。

（4）掌握登录 OpenSSH 服务器的方法。

2. 实训内容

（1）运行和设置 vino-vnc 服务器。

（2）利用安装光盘安装、配置和运行 tiger-vnc 服务器。

（3）下载 Windows 系统中的 TigerVNC Viewer-1.13.80 客户端软件。

（4）下载 Windows 系统中的 PuTTY 客户端软件。

（5）使用 TigerVNC Viewer-1.13.80 客户端软件登录 tiger-vnc 远程桌面服务器。

（6）使用 PuTTY 客户端软件登录 OpenSSH 服务器。

综合练习

1. 填空题

（1）Linux 的远程桌面实际上是一种_____的服务模式。

（2）Linux 中常用的 VNC 远程桌面系统有_____和_____。

（3）以用户 student1 登录本机 SSH 服务器的命令为_____。

2. 判断题

（1）Linux 的远程桌面服务器一定要关闭防火墙，否则客户端不能登录。（　　　）

（2）OpenSSH 服务器提供了类似 Telnet 的远程登录服务。（　　　）

（3）OpenSSH 服务器能提供更安全的 FTP 服务。（　　　）

（4）OpenSSH 服务器的端口是 22。（　　　）

（5）默认情况下，root 用户不能登录 OpenSSH 服务器。（　　　）

3. 简答题

（1）如何在 Linux 系统中实现 tiger-vnc 远程桌面？

（2）如何在 Linux 系统中实现 OpenSSH 远程登录？

项目 11

Linux安全设置及日志管理

【项目导入】

Linux 操作系统安全机制是指通过一系列安全措施，保护 Linux 操作系统的安全性和可靠性，防止系统受到恶意攻击和破坏。Linux 操作系统的安全机制主要包括访问控制、密码策略、文件系统安全、防火墙和网络安全等方面。本项目首先介绍 Linux 操作系统中的常见安全设置，包括账号、登录和网络安全设置，然后介绍 Linux 操作系统中的日志管理相关知识，包括日志的查看和维护等。

【项目要点】

① Linux 操作系统账号安全设置。
② Linux 操作系统登录安全设置。
③ Linux 操作系统网络安全设置。
④ Linux 操作系统日志的查看和维护。

【素养提升】

信息技术既为社会发展带来难得的机遇，也给信息安全带来严峻挑战，信息安全已经成为现代社会发展必须认真关注的重要课题。信息安全是信息社会的基石。对于正在迈入信息社会的国家来说，加快信息网络安全保障建设、增强安全保障能力十分紧迫，必须在发展中保安全、在保障中促发展。发展与安全，要相互兼顾，两者都要硬。

任务 11.1　Linux 安全设置

学习任务

通过阅读文献、查阅资料，了解与认识 Linux 安全设置。随着 Linux 的日益普及，越来越多的用户开始使用不同版本的 Linux 系统。Linux 作为开源系统，其安全性也面临越来越多的挑战，用户在使用 Linux 系统时也会遇到越来越多的安全性问题。学习 Linux 安全设置将有助于创建一个更安全的 Linux 系统环境。本节将通过 3 个方面介绍 Linux 系统中常见的安全设置。

（一）账号安全设置

Linux 系统是非常安全的，但是，也必须采取措施防止未经授权的用户访问或篡改数据。在 Linux 系统中，人们可以实现用安全的用户设置防止用户未经授权进行注册、账号被盗等行为，并通过采取适当的安全策略，有效地减少系统遭受攻击的风险。

1. 修改 root 账号权限

root 是系统中的超级用户，具有系统中所有的权限，如启动或停止进程，删除或增加用户，增加或者禁用硬件等。可以通过修改 root 的 UID，将普通用户的 UID 改为 0，使 root 变为普通用户，普通用户变为 root；也可以修改 root 账号的名称为普通用户名，这样，即使 root 遭到破解，也没有权限进行任何操作。

（1）通过命令 id 查看 root 的 UID 和 GID。

```
[root@localhost ~ ]# id root
uid=0(root) gid=0(root)  组=0(root)
```

（2）直接编辑 etc/passwd 文件，文件内容如下。

```
root:x:0:0:root:/root:/bin/bash
bin:x:1:1:bin:/bin:/sbin/nologin
daemon:x:2:2:daemon:/sbin:/sbin/nologin
adm:x:3:4:adm:/var/adm:/sbin/nologin
lp:x:4:7:lp:/var/spool/lpd:/sbin/nologin
sync:x:5:0:sync:/sbin:/bin/sync
shutdown:x:6:0:shutdown:/sbin:/sbin/shutdown
halt:x:7:0:halt:/sbin:/sbin/halt
mail:x:8:12:mail:/var/spool/mail:/sbin/nologin
…
```

etc/passwd 文件是一个基于纯文本的数据库，其中包含系统中所有用户账号的信息，由 root 用户拥有并具有 644 种权限。该文件只能由 root 或具有 sudo 权限的用户修改，并且所有系统用户都可以读取。由该文件内容可以看到，每一行代表一个用户的信息，包括 7 个字段，每个字段用冒号隔开，分别为 Username:Password: UID:GID:Gecos: Home directory:Login shell，如图 11-1 所示。

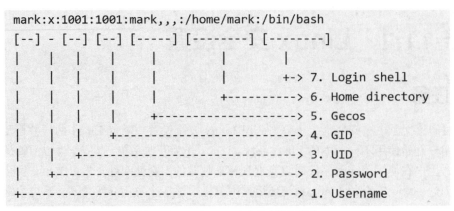

图 11-1　etc/passwd 文件中数据组成

第 1 个字段 Username 为用户名，第 2 个字段 Password 为密码，第 3 个字段 UID 为用户 ID，第 4 个字段 GID 为用户组 ID，第 5 个字段 Gecos 为用户的详细信息（如姓名、年龄、电话等）。可通过 vi /etc/passwd 命令修改 root 用户名，一般来说普通用户应避免手动修改该文件，对于相关操作应使用专门的命令来完成。例如修改用户可使用 usermod 命令，添加新用户使用 useradd 命令。

【例 11-1】修改 root 用户的用户名。

可以使用以下两种方法。

[root@localhost ~]#vi /etc/passwd

按 I 键进入编辑状态。

修改第 1 行第 1 个 root 为新的用户名。

按 Esc 键退出编辑状态，并输入:x 保存并退出。

[root@localhost ~]#vi /etc/shadow

按 I 键进入编辑状态。

修改第 1 行第 1 个 root 为新的用户名。

按 Esc 键退出编辑状态，并输入:x!强制保存并退出。

2. 删除不必要的用户和组

在 Linux 系统中，用户账户越多，系统就越不安全，越容易受到攻击。管理用户的 root 账号所属的组拥有系统运营文件的访问权限，如果该组疏忽管理，一般用户就有可能以管理员的权限非法访问系统，进行恶意修改或变更等操作，因此该组应保留尽可能少的账号。

命令语法如下。

userdel（选项）（参数）

选项含义如下。

-f：强制删除用户，即使用户当前已登录。

-r：在删除用户的同时，删除与用户相关的所有文件。

【例 11-2】删除用户 username 和组 groupname。

[root@localhost ~]# userdel　username

[root@localhost ~]# groupdel　groupname

Linux 系统中可以删除的用户有 adm、lp、sync、shutdown、halt、news、uucp、operator、 games、gopher 等；组有 adm、lp、news、uucp、games、dip、pppusers、popusers、slipus 等。

> **注意** 请不要轻易使用-r 选项，它会在删除用户的同时删除用户所有的文件和目录。如果用户目录下有重要的文件，在删除前请备份。

3. 账号密码安全设置

如果需要控制整个系统，需要获得管理员或超级管理员的密码。弱密码易于破解，强密码难以破解，即使能破解也需要花费大量时间，因此系统管理账户必须使用强密码。

密码设置的一般规则如下。

- 数字、大写字母、小写字母、特殊符号，4 个类别至少选择 3 个类别。
- 密码长度足够长，一般至少 8 位。
- 最好使用随机字符串，不要使用较为规则的字符串。
- 要定期进行密码更换，一般是两个月。
- 密码的循环周期要短，避免重复使用旧密码。

密码设置安全性策略如下。

- 密码必须符合复杂性要求。
- 密码长度最小值设定。
- 密码的最长使用期限设定。
- 密码的最短使用期限设定。
- 密码历史限制。
- 使用可还原的加密存储密码。

修改用户密码可使用 passwd 命令，passwd 命令语法如下。

passwd [选项...] <账号名称>

选项含义如下。

-k, --keep-tokens：保持身份验证令牌不过期。

-d, --delete：删除已命名账号的密码（只有 root 用户才能进行此操作）。

-l, --lock：锁定已命名账号的密码（只有 root 用户才能进行此操作）。

-u, --unlock：解除对已命名账号的密码的锁定（只有 root 用户才能进行此操作）。

-e, --expire：将已命名账号的密码设为过期状态（只有 root 用户才能进行此操作）。

-f, --force：强制执行操作。

-x, --maximum=DAYS：密码的最长有效时限（只有 root 用户才能进行此操作）。

-n, --minimum=DAYS：密码的最短有效时限（只有 root 用户才能进行此操作）。

-w, --warning=DAYS：在密码过期前多少天提醒用户（只有 root 用户才能进行此操作）。

-i, --inactive=DAYS：在密码过期后经过多少天该账号会被禁用（只有 root 用户才能进行此操作）。

-S, --status：查询已命名账号的密码状态（只有 root 用户能进行此操作）。

--stdin：从标准输入读取令牌（只有 root 用户才能进行此操作）。

-?, --help：显示关于 passwd 命令的帮助和使用信息。

--usage：获取 passwd 命令的用法信息。

【例 11-3】清除用户密码。

```
[root@localhost ~ ]# passwd -d linuxtest    //清除 linuxtest 用户密码
[root@localhost ~ ]# passwd -S linuxtest    //查询 linuxtest 用户密码状态
```

 注意 　　在清除用户的密码后，登录时就无须输入密码，这一点要注意。普通用户执行 passwd 命令只能修改自己的密码。新建用户后，要为新用户创建密码，用 passwd<用户名>，注意要以 root 用户的权限来创建。当前用户如果想更改自己的密码，直接运行 passwd 命令即可。

（二）登录安全设置

1. 禁用 root 账号登录

Linux 最高权限用户 root，默认可以直接登录 sshd。出于安全考虑，以及日后服务器的多用户管理，应该在开始就对服务器的 root 用户进行禁用，仅使用 sudo 命令来执行某些 root 用户才能执行的命令。

【例 11-4】禁用 root 账号登录。

访问远程服务器或 VPS（Virtval Private Server，虚拟专用服务器）的最常用方法是通过 SSH 并阻止其下的 root 用户登录，这需要编辑/etc/ssh/sshd_config 文件。

（1）在终端执行如下命令。

```
[root@localhost ~ ]#vi /etc/ssh/sshd_config
```

（2）查找 #PermitRootLogin yes，将 # 去掉，yes 改为 no，并保存文件，即将#PermitRootLogin yes 修改为 PermitRootLogin no。

（3）修改完毕，重启 sshd 服务，命令如下。

```
[root@localhost ~ ]#service sshd restart
```

 注意 　　禁用 root 用户登录之前，一定要确认其他用户可以登录，并且具备 root 用户权限。

2. 超时自动注销账号

在使用 SSH 登录 Linux 服务器的时候，有时需要离开计算机，如果在此期间有其他人使用计算机对 Linux 服务器进行一些错误操作，可能会带来一定损失。如果设置自动超时注销，相对来说就安全得多，自动超时注销即在一定时间内没有进行任何操作就自动注销。

以 root 用户登录系统，输入 vi /etc/profile 命令，编辑 profile 文件。查找 TMOUT，若没有，则可以在文件最后添加如下语句。

```
TMOUT=300
export TMOUT
```

其中，300 表示自动注销的时间为 300s。编辑好文件后，保存，退出，重新登录，设置生效。

3. 禁用重启组合键

在 Linux 里，出于对安全的考虑，允许任何人使用组合键 Ctrl+Alt+Del 来重启系统。但是在生产环境中，应该禁用组合键 Ctrl+Alt+Del 重启系统的功能。

查看文件：

```
[root@localhost ~ ]#vi   /etc/init/control-alt-delete.conf
```

配置文件信息：

```
# control-alt-delete - emergency keypress handling
#
# This task is run whenever the Control-Alt-Delete key combination is
# pressed.   Usually used to shut down the machine.
#
# Do not edit this file directly. If you want to change the behaviour,
# please create a file control-alt-delete.override and put your changes there.


start on control-alt-delete


exec /sbin/shutdown -r now "Control-Alt-Delete pressed"
```

找到 start on control-alt-delete，将其更改为#start on control-alt-delete。

（三）网络安全设置

1. 取消不必要的进程和服务

（1）进程的管理。

ps 命令能够给出当前系统中进程的快照。

【例 11-5】查看当前系统进程数目。

```
[root@localhost ~ ]# ps aux|wc -l
224
```

运行 ps aux 命令列出所有进程，运行 kill 命令结束进程，再运行 ps aux|wc – l 命令查看进程数，可以看出进程减少的数目（不必要的进程越少越好）。

【例 11-6】使用 ps aux 命令查询进程（部分进程如下）。

```
[root@localhost ~ ]#ps aux

USER        PID %CPU %MEM      VSZ    RSS TTY       STAT START    TIME COMMAND
root          1  0.1  0.5 179196 11348 ?          Ss    22:14    0:01 /usr/lib/system
root          2  0.0  0.0      0      0 ?          S     22:14    0:00 [kthreadd]
root          3  0.0  0.0      0      0 ?          I<    22:14    0:00 [rcu_gp]
root          4  0.0  0.0      0      0 ?          I<    22:14    0:00 [rcu_par_gp]
…
root       3828  2.7  2.8 723336 60676 pts/0      Sl+   22:38    0:00  gedit
…
```

结束其中的 gedit 进程，命令如下。

```
[root@localhost ~ ]#kill    3828
```

（2）系统服务管理。

systemctl 命令可用于查看系统状态和管理系统及服务。如使用命令 systemctl list-units --type=service 显示所有已经启动的服务。

```
[root@localhost ~]# systemctl list-units --type=service
UNIT                              LOAD     ACTIVE   SUB       DESCRIPTION
accounts-daemon.service           loaded   active   running   Accounts Service
alsa-state.service                loaded   active   running   Manage Sound Card State res>
atd.service                       loaded   active   running   Job spooling tools
auditd.service                    loaded   active   running   Security Auditing Service
avahi-daemon.service              loaded   active   running   Avahi mDNS/DNS-SD Stack
bolt.service                      loaded   active   running   Thunderbolt system service
chronyd.service                   loaded   active   running   NTP client/server
colord.service                    loaded   active   running   Manage, Install and Generate>
crond.service                     loaded   active   running   Command Scheduler
cups.service                      loaded   active   running   CUPS Scheduler
dbus.service                      loaded   active   running   D-Bus System Message Bus
firewalld.service                 loaded   active   running   firewalld - dynamic firewall>
fprintd.service                   loaded   active   running   Fingerprint Authentication D>
fwupd.service                     loaded   active   running   Firmware update daemon
gdm.service                       loaded   active   running   GNOME Display Manager
gssproxy.service                  loaded   active   running   GSSAPI Proxy Daemon
…
```

systemctl 对服务管理的命令基本格式为 systemctl command name.service。如查看 atd 服务的当前状态的命令为 systemctl status atd.service，运行结果如下。

```
[root@localhost ~]# systemctl status atd.service
● atd.service - Job spooling tools
    Loaded: loaded (/usr/lib/systemd/system/atd.service; enabled; vendor preset: enabled)
    Active: active (running) since Sun 2022-12-25 05:39:12 EST; 43min ago
  Main PID: 1078 (atd)
     Tasks: 1 (limit: 13100)
    Memory: 468.0K
    CGroup: /system.slice/atd.service
            └─1078 /usr/sbin/atd -f
12 月 25 05:39:12 localhost.localdomain systemd[1]: Started Job spooling tools.
```

可以看出其状态为 active (running)正在运行。服务的常见状态有以下几种。

- active(running)：正在系统中运行。
- active(exited)：仅执行一次就正常结束，目前没有任何程序在系统中执行。
- active(waiting)：正在执行当中，不过还需要等待其他的事件才能继续处理。
- inactive：服务目前没有运行。
- dead：程序已经清除。

systemctl 服务管理主要包含如下基本命令。

- 启动服务：systemctl start name.service。
- 停止服务：systemctl stop name.service。

- 重启服务：systemctl restart name.service。
- 重载或重启服务：systemctl reload-or-try-restart name.service。
- 服务当前活动状态：systemctl is-active name.service。

【例 11-7】使用 systemctl 命令管理 atd 服务。

[root@localhost ~]#	systemctl stop atd.service	//停止 atd 服务
[root@localhost ~]#	systemctl status atd.service	//查看 atd 服务状态
[root@localhost ~]#	systemctl start atd.service	//启动 atd 服务

2. 禁止系统响应任何从外部或内部的连接请求

修改文件/proc/sys/net/ipv4/icmp_echo_ignore_all 的值。默认情况下 icmp_echo_ignore_all 的值为 0，表示响应连接操作。

切换到 root，输入命令：

```
[root@localhost ~ ]# echo 1 > /proc/sys/net/ipv4/icmp_echo_ignore_all
```

这样就将/proc/sys/net/ipv4/icmp_echo_ignore_all 文件里面的 0 临时改为 1，从而实现禁止 ICMP 报文的所有请求，达到禁止连接的效果。网络中的其他主机连接该主机时会显示"请求超时"，但该服务器此时是可以连接其他主机的。

如果想启用 ICMP 响应，则输入：

```
[root@localhost ~ ]# echo 0 > /proc/sys/net/ipv4/icmp_echo_ignore_all
```

上面禁止连接请求的方法只是临时的，一旦服务器重启就会回到默认的 0 状态（假设修改前/proc/sys/net/ipv4/icmp_echo_ignore_all 的值就是 0）。如果想不再受服务器关机或重启的影响，可以使用如下方法：

```
[root@localhost ~ ]# vim /etc/sysctl.conf
```

在配置文件中添加一条信息 net/ipv4/icmp_echo_ignore_all = 1，运行如下命令加载配置文件，保存并退出。

```
[root@localhost ~ ]# sysctl –p    #配置生效
```

注意 启用 ICMP 响应，不能直接在/etc/sysctl.conf 里删除配置，而应该修改上述值为 0。

3. 防火墙

防火墙（firewall）指的是一个由软件和硬件设备组合而成，在内部网络和外部网络之间、专用网与公共网之间构造的保护屏障，是一种获取安全性方法的形象说法。防火墙是计算机硬件和软件的结合，使互联网（internet）与内联网（intranet）之间建立起安全网关（secure gateway），从而保护内部网络免受非法用户侵入。防火墙是将局域网与互联网隔开，形成一道屏障，过滤危险数据，保护本地网络设备的数据安全。防火墙从具体的实现形式上可以分为硬件和软件两类。硬件防火墙是通过硬件和软件相结合的方式，使内部网络（局域网）和外部网络（互联网）隔离，效果很好，但是价格相对较高，个人用户和中小企业一般不会采用硬件防火墙。软件防火墙在仅使用软件的情况下通过过滤危险数据，放行安全数据，达到保护本地数据不被侵害的目的。软件防火墙相对硬件防火墙在价格上更便宜，但是仅能在一定的规则基础上过滤危险数据，这些过滤规则即病毒库。

防火墙主要由服务访问规则、验证工具、包过滤和应用网关4个部分组成，防火墙作为位于计算机和它所连接的网络之间的软件或硬件，计算机流入流出的所有网络通信和数据包均要经过它。我们的任务就是定义防火墙究竟如何工作，即防火墙的策略、规则，以达到对出入网络的IP、数据进行检测的目的。

（1）iptables的工作原理。

iptables可以将规则组成一个列表，实现详细的访问控制功能。

iptables是一个用于管理Linux操作系统上的防火墙的工具。iptables定义的规则，可以让内核空间中的netfilter（网络过滤器）读取并实现防火墙功能。而数据包放入内核的地方必须是特定的位置，必须是TCP/IP协议栈经过的地方。而这个TCP/IP协议栈必须经过的能够实现读取规则的地方叫作netfilter。

（2）iptables的工作机制。

由于数据包尚未进行路由决策，不知道数据要走向哪里，所以在进出口是没办法实现数据过滤的。基于以上原因，要在内核空间里设置转发的关卡、进入用户空间的关卡以及从用户空间出去的关卡。因为在进行NAT(network address translation，网络地址转换)和DNAT(destination network address translation，目标网络地址转换)的时候，DNAT必须在路由之前进行，所以必须在外部网络和内部网络的接口处设置关卡。

这5个关卡位置也被称为5个钩子函数（hook function），也叫5个规则链。

- INPUT链：处理输入数据包。
- OUTPUT链：处理输出数据包。
- FORWARD链：处理转发数据包。
- PREROUTING链：用于DNAT。
- POSTOUTING链：用于SNAT（source network address translation，源网络地址转换）。

（3）防火墙的策略。

防火墙策略一般分为两种，一种为通策略，另一种为堵策略。通策略需要定义谁能进；堵策略表示进来的数据包必须有身份认证。在定义防火墙策略的时候，要分别定义多条功能，为了让这些功能交替工作，制定了"表"来定义、区分各种不同的工作功能和处理方式。

现在用得比较多的功能表有如下3个。

① filter表：包过滤，用于防火墙规则，定义允许或者不允许。

② nat表：地址转换，用于网关路由器。

③ mangle表：数据包修改，用于实现服务质量。

修改报文原数据就是修改TTL，实现将数据包的元数据拆开，在里面做标记或修改内容。而防火墙标记其实就是靠mangle表来实现的。

（4）规则的写法。

规则的写法如下。

iptables -t 表名 <-A/I/D/R> 规则链名 [规则号] <-i/o 接口名> -p 协议名 <-s 源IP地址/源子网> --sport 源端口 <-d 目标IP/目标子网> --dport 目标端口 -j 动作

iptables的选项介绍如下。

-t 表名：指定要操作的表。

-A：向规则链中添加条目。

-I：向规则链中插入条目。

-D：从规则链中删除条目。

-R：替换规则链中的条目。

-L：显示规则链中已有的条目。

-F：清除规则链中已有的条目。

-Z：清空规则链中的数据包计算器和字节计数器。

-N：创建新的用户自定义规则链。

-P：定义规则链中的默认目标。

-h：显示帮助信息。

-p：指定要匹配的数据包协议类型。

-d：指定目标地址。

-n：用于显示数字格式的 IP 和端口号，而不进行反向解析。

-v：用于显示详细的统计信息，包括数字包计数和字节数。

-s：指定要匹配的数据包源 IP 地址。

-j<目标>：指定要跳转的目标。

-i<网络接口>：指定数据包进入本机的网络接口。

-o<网络接口>：指定数据包离开本机的网络接口。

其中动作包括以下内容。

- ACCEPT：接收数据包。

- DROP：丢弃数据包。

- REDIRECT：重定向、映射、透明代理。

- SNAT：源网络地址转换。

- DNAT：目标网络地址转换。

- MASQUERADE：IP 地址伪装（NAT 伪装成一个或多个地址），用于 ADSL（asymmetric digital subscriber line，非对称数字用户线）。

- LOG：日志记录。

【例 11-8】iptables 命令使用示例。

开放指定的端口：

```
[root@localhost ~ ]# iptables -A INPUT -p tcp --dport 22 -j ACCEPT    #允许访问 22 端口
[root@localhost ~ ]# iptables -A INPUT -p tcp --dport 80 -j ACCEPT    #允许访问 80 端口
[root@localhost ~ ]# iptables -A INPUT -p tcp --dport 21 -j ACCEPT    #允许访问 21 端口
```

查看已添加的 iptables 规则：

```
[root@localhost ~ ]# iptables -L -n –v
Chain INPUT (policy ACCEPT 20017 packets, 49M bytes)
 pkts bytes target       prot opt in       out      source              destination
 …
    0     0 ACCEPT       tcp  --  *        *        0.0.0.0/0           0.0.0.0/0            tcp dpt:22
    0     0 ACCEPT       tcp  --  *        *        0.0.0.0/0           0.0.0.0/0            tcp dpt:80
    0     0 ACCEPT       tcp  --  *        *        0.0.0.0/0           0.0.0.0/0            tcp dpt:21
 …
```

或以序号标记显示：

```
[root@localhost ~]# iptables -L -n --line-numbers
Chain INPUT (policy ACCEPT)
num   target     prot opt source              destination
1     ACCEPT     udp  --  0.0.0.0/0           0.0.0.0/0            udp dpt:53
2     ACCEPT     tcp  --  0.0.0.0/0           0.0.0.0/0            tcp dpt:53
3     ACCEPT     udp  --  0.0.0.0/0           0.0.0.0/0            udp dpt:67
4     ACCEPT     tcp  --  0.0.0.0/0           0.0.0.0/0            tcp dpt:67
5     ACCEPT     tcp  --  0.0.0.0/0           0.0.0.0/0            tcp dpt:22
6     ACCEPT     tcp  --  0.0.0.0/0           0.0.0.0/0            tcp dpt:80
7     ACCEPT     tcp  --  0.0.0.0/0           0.0.0.0/0            tcp dpt:21


Chain FORWARD (policy ACCEPT)
num   target     prot opt source              destination
1     ACCEPT     all  --  0.0.0.0/0           192.168.122.0/24     ctstate RELATED,ESTABLISHED
2     ACCEPT     all  --  192.168.122.0/24    0.0.0.0/0
3     ACCEPT     all  --  0.0.0.0/0           0.0.0.0/0
4     REJECT     all  --  0.0.0.0/0           0.0.0.0/0            reject-with icmp-port-unreachable
5     REJECT     all  --  0.0.0.0/0           0.0.0.0/0            reject-with icmp-port-unreachable


Chain OUTPUT (policy ACCEPT)
num   target     prot opt source              destination
1     ACCEPT     udp  --  0.0.0.0/0           0.0.0.0/0            udp dpt:68
```

如要删除 INPUT 里序号为 3 的规则，命令如下：

```
[root@localhost ~ ]# iptables -D INPUT 3
```

任务 11.2　Linux 日志管理

学习任务

通过阅读文献、查阅资料，了解与认识 Linux 日志管理。日志文件包含有关内核、服务和在其上运行的应用程序等的系统信息，日志中的信息有助于解决问题或监视系统功能。Linux 系统拥有非常灵活和强大的日志功能，可以保存几乎所有的操作记录，并可以从中检索出需要的信息。Linux 系统内核和许多程序会产生各种错误信息、警告信息和其他提示信息，这些信息对管理员了解系统的运行状态是非常有用的，所以应该把它们写到日志文件中，这样当有错误发生时，可以通过查阅特定的日志文件看出发生了什么。

（一）日志管理概述

Linux 中的日志文件以明文方式记录，不需要特殊的工具来解释，任何文本阅读器都可以显示日志文件。RHEL 8.1 系统中有两个服务来处理系统的日志信息：一个是 systemd-journald

守护进程，一个是 rsyslog 服务。

systemd-journald 守护进程从各种来源收集信息并将信息转发到 rsyslog 做进一步的处理。systemd-journald 守护进程从以下来源收集信息：内核启动过程的早期阶段、启动运行时的标准输出和错误输出以及 syslog 日志。

rsyslog 服务按类型和优先级对系统日志信息进行排序，并将它们写入/var/log 目录中的文件。/var/log 目录持久存储日志消息。

RHEL 8.1 中/var/log 目录下存放的常见内容如下。

- /var/log/secure：与安全和身份验证相关的消息和错误。
- /var/log/maillog：与邮件服务器相关的消息和错误。
- /var/log/cron：与计划任务相关的日志文件。
- /var/log/boot.log：与系统启动相关的日志文件。
- /var/log/messages：其他系统日志消息。
- /var/log/wtmp：记录所有登录和退出。
- /var/log/btmp：记录错误的登录尝试。
- /var/log/lastlog：记录每个用户的最后登录信息。

/var/log 中的日志文件详情如图 11-2 所示。

```
[root@localhost /]# cd /var/log
[root@localhost log]# ls
anaconda            dnf.log              messages-20221120    spooler-20221225
audit               dnf.rpm.log          messages-20221129    sssd
boot.log            firewalld            messages-20221211    swtpm
boot.log-20221120   gdm                  messages-20221225    tuned
boot.log-20221129   glusterfs            private              vboxadd-install.log
boot.log-20221130   hawkey.log           qemu-ga              vboxadd-setup.log
boot.log-20221211   hawkey.log-20221120  README               vboxadd-setup.log.1
boot.log-20221225   hawkey.log-20221129  rhsm                 vboxadd-setup.log.2
boot.log-20221226   hawkey.log-20221211  samba                vboxadd-setup.log.3
btmp                hawkey.log-20221225  secure               vboxadd-setup.log.4
btmp-20221211       insights-client      secure-20221120      vboxadd-uninstall.log
chrony              lastlog              secure-20221129      vmware-vmusr.log
cron                libvirt              secure-20221211      wtmp
cron-20221120       maillog              secure-20221225      Xorg.0.log
cron-20221129       maillog-20221120     speech-dispatcher    Xorg.0.log.old
cron-20221211       maillog-20221129     spooler              Xorg.1.log
cron-20221225       maillog-20221211     spooler-20221120     Xorg.1.log.old
cups                maillog-20221225     spooler-20221129     Xorg.9.log
dnf.librepo.log     messages             spooler-20221211
```

图 11-2　/var/log 中的日志文件详情

Linux 的日志采用先分类，然后在每个类别下分级的管理模式。Linux 日志主要有 7 种，如表 11-1 所示。

表 11-1　Linux 日志类型

Linux 日志类型	含义
authpriv	与安全认证相关
cron	与 at 和 cron 定时任务相关
deamon	与定时任务相关
kern	内核产生
lpr	输出系统产生
mail	邮件系统产生
syslog	日志服务本身

除了上述 7 种日志类型，还有 local0～local7 等 8 种系统保留的日志类型，可以供其他程序或者用户自定义使用。

Linux 日志有 8 种级别，如表 11-2 所示（按照级别由低到高排列），记录日志的时候会把本级别以及高于本级别的日志信息记录下来。

表 11-2 Linux 日志级别

Linux 日志级别	含义
debug	排错信息
info	正常信息
notice	稍微要注意的
warn	警告
err（error）	错误
crit（critical）	关键的错误
alert	警报警惕
emerg（emergence）	紧急突发事件

（二）日志查看

1. 动态跟踪日志文件：tail 命令

Linux 中 tail 命令是依照要求将指定文件的最后部分输出到标准设备（通常是终端）。通俗地讲，就是把某个档案文件的最后几行显示到终端上，假设该档案有更新，tail 命令会自动刷新，确保用户看到最新的档案内容。下面是使用 tail 命令查看日志的例子，输入命令：

[root@localhost ~]# tail /var/log/messages

这时，屏幕显示的末尾就是系统输出的最新日志信息，如图 11-3 所示。

```
[root@localhost /]# tail /var/log/messages
Dec 26 05:51:07 localhost sssd[kcm][6703]: Starting up
Dec 26 05:53:12 localhost chronyd[883]: Selected source 36.110.233.85
Dec 26 05:56:27 localhost chronyd[883]: Selected source 185.209.85.222
Dec 26 06:00:44 localhost chronyd[883]: Selected source 139.199.215.251
Dec 26 06:14:45 localhost chronyd[883]: Source 193.182.111.142 replaced with 178.215.228.24
Dec 26 06:23:26 localhost dbus-daemon[861]: [system] Activating via systemd: service name='
net.reactivated.Fprint' unit='fprintd.service' requested by ':1.311' (uid=0 pid=2517 comm="
/usr/bin/gnome-shell " label="unconfined_u:unconfined_r:unconfined_t:s0-s0:c0.c1023")
Dec 26 06:23:26 localhost systemd[1]: Starting Fingerprint Authentication Daemon...
Dec 26 06:23:26 localhost dbus-daemon[861]: [system] Successfully activated service 'net.re
activated.Fprint'
Dec 26 06:23:26 localhost systemd[1]: Started Fingerprint Authentication Daemon.
Dec 26 06:23:29 localhost NetworkManager[1042]: <info>  [1672053809.0549] agent-manager: re
q[0x5568e6afda70, :1.311/org.gnome.Shell.NetworkAgent/0]: agent registered
```

图 11-3 使用 tail 命令查看日志

【例 11-9】使用 logger 命令直接向系统日志中写入信息。

[root@localhost ~]# logger 'hello world'　　　　　　#写入日志
[root@localhost ~]# tail   /var/log/messages　　　　　#查看日志结果

Dec 26 06:23:26 localhost systemd[1]: Starting Fingerprint Authentication Daemon...

Dec 26 06:23:26 localhost dbus-daemon[861]: [system] Successfully activated service 'net.reactivated.Fprint'

Dec 26 06:23:26 localhost systemd[1]: Started Fingerprint Authentication Daemon.

…

Dec 26 06:28:26 localhost systemd[1]: Starting PackageKit Daemon...

Dec 26 06:28:26 localhost dbus-daemon[861]: [system] Successfully activated service 'org.freedesktop.
PackageKit'

Dec 26 06:28:26 localhost systemd[1]: Started PackageKit Daemon.

Dec 26 06:28:33 localhost root[7086]: hello world   #此处为 logger 写入结果

2. journalctl 命令查看日志

journalctl 是命令行工具，可以和日志进行交互。使用 journalctl 命令可以读取日志，实时监控日志，根据时间、服务、严重性和其他参数过滤日志。

journalctl 是一个强大的命令行工具，可以用来读取、过滤和监控日志。它可以访问系统日志，以及由 Systemd 日志服务收集和存储的其他日志。默认情况下，系统日志被存储在 /run/log/journal 目录下，而 journalctl 命令可以访问这些日志。可以使用 journalctl 命令来查看指定服务的日志、按时间范围过滤日志、按严重性过滤日志等。

如使用 journalctl 命令显示最后 3 行日志。

[root@localhost /]# journalctl -n 3

-- Logs begin at Sun 2022-12-25 20:00:01 EST, end at Mon 2022-12-26 06:55:44 EST. --

12 月 26 06:55:41 localhost.localdomain systemd[1]: Started Fingerprint Authentication Daemon.

12 月 26 06:55:43 localhost.localdomain gdm-password][7744]: gkr-pam: unlocked login keyring

12 月 26 06:55:44 localhost.localdomain NetworkManager[1042]: <info>   [1672055744.0011] agent-manager: >

journalctl 命令的其他使用方法：

[root@localhost ~]#journalctl -p err	#使用-p 选项按级别（err）显示日志
[root@localhost ~]#journalctl --since "2022-08-10 6:35:00"	#用-S 或—since 选项显示该时间开始的日志
[root@localhost ~]#journalctl --until "2022-08-10 6:50:00"	#用-U 或—until 选项显示到该时间结束的日志
[root@localhost ~]#journalctl -u shhd	#查看指定服务（shhd）的日志
[root@localhost ~]# journalctl --disk -usage	#查看日志存放空间大小

3. 查看用户登录日志

wtmpp 和 utmp 文件都是二进制文件，它们包含有关当前和先前登录系统的用户的信息，如用户名、登录时间、终端号和 IP 地址等。由于这些文件是二进制文件，因此不能使用如 tail 之类的文本命令来查看。相反，用户可以使用特定的命令，如 who、w、users、last 和 lastlog 命令，来解析这些文件并检索其中的信息。

Who 命令语法如下。

who [选项]... [文件 | 参数 1 参数 2]

who 命令选项含义如下。

-a, --all：等同于-b -d --login -p -r -t -T -u 选项的组合。

-b, --boot：上次系统启动时间。

-d, --dead：显示已结束的进程。

-H, --heading：输出头部的标题列。

-l, --login：显示系统登录进程。

--lookup：尝试通过 DNS 查验主机名。

-m：只面对和标准输入有直接交互的主机和用户。

-p, --process：显示由初始化进程衍生的活动进程。

-q, --count：列出所有已登录用户的登录名与用户数量。

-r, --runlevel：显示当前的运行级别。

-s, --short：只显示名称、线路和时间（默认）。

-T, -w, --mesg：用+、- 或 ? 标注用户消息状态。

-u, --users：列出已登录的用户。

--message：等同于-T 选项。

--writable：等同于-T 选项。

--help：显示帮助信息并退出。

--version：显示版本信息并退出。

【例 11-10】查看登录日志的方法。

具体方法如下。

（1）使用 who 命令查看登录日志。

```
[root@localhost ~]# who /var/log/wtmp
root     tty3        2022-11-13 08:11 (tty3)
root     :1          2022-11-13 08:27 (:1)
root     :1          2022-11-13 09:22 (:1)
root     :1          2022-11-13 09:24 (:1)
root     :1          2022-11-13 09:28 (:1)
root     :1          2022-11-13 09:39 (:1)
```

（2）使用 who -H -u 命令查询结果。

```
[root@localhost ~]# who -H -u
名称       线路        时间              空闲      进程号       备注
root       :1          2022-12-11 21:55   ?         5339 (:1)
```

（3）使用 lastlog 命令显示系统中所有用户最近一次登录的信息。

```
[root@localhost ~]# lastlog
用户名        端口      来自         最后登录时间
root          tty2                   日 12 月 11 21:55:05 -0500 2022
bin                                  **从未登录过**
daemon                               **从未登录过**
adm                                  **从未登录过**
lp                                   **从未登录过**
sync                                 **从未登录过**
shutdown                             **从未登录过**
halt                                 **从未登录过**
mail                                 **从未登录过**
…                                    …
```

（4）使用 last 命令查看所有用户登录信息。

```
[root@localhost ~]# last
root     :1           :1            Sun Dec 11 21:55    still logged in
cheung   :1           :1            Sun Dec 11 21:53 - 21:54    (00:01)
```

root	:1	:1	Sun Dec 11 21:04 - 21:53 (00:49)
reboot	system boot	4.18.0-147.el8.x	Sun Dec 11 20:58 still running
root	:1	:1	Wed Nov 30 01:12 - crash (11+19:45)
root	:1	:1	Sun Nov 27 21:14 - down (03:53)
...			

其中,still logged in 表示依然在线;时间段 21:04 - 21:53 表示该用户在线的时间区间;(00:49) 表示用户持续在线的时长。

4. 图形化日志查看工具

RHEL 8.1 系统中默认安装了图形化日志查看工具,可以在应用程序的工具中找到,也可以在终端命令行中直接执行命令 gnome-logs,将会出现图 11-4 所示的结果。

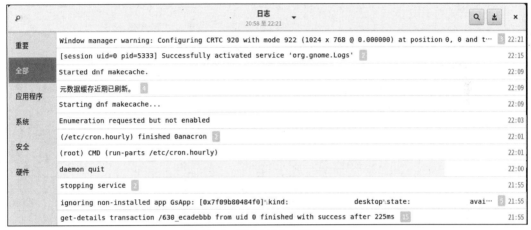

图 11-4   图形化日志查看工具界面

(三)日志维护

1. 日志的总管家:rsyslog

在 RHEL 中,日志由系统服务 rsyslog 进行管理和控制。安装 RHEL 后,rsyslog 服务默认是开启的。

【例 11-11】查看 rsyslog 服务的运行状态。

在终端运行命令 systemctl status rsyslog,结果如图 11-5 所示。

```
[root@localhost /]# systemctl status  rsyslog
● rsyslog.service - System Logging Service
   Loaded: loaded (/usr/lib/systemd/system/rsyslog.service; enabled; vendor preset: enabled)
   Active: active (running) since Sun 2022-12-25 20:00:15 EST; 11h ago
     Docs: man:rsyslogd(8)
           http://www.rsyslog.com/doc/
 Main PID: 1338 (rsyslogd)
    Tasks: 3 (limit: 13100)
   Memory: 3.0M
   CGroup: /system.slice/rsyslog.service
           └─1338 /usr/sbin/rsyslogd -n

12月 25 20:00:14 localhost.localdomain systemd[1]: Starting System Logging Service...
12月 25 20:00:15 localhost.localdomain rsyslogd[1338]: environment variable TZ is not set, auto correcting this
12月 25 20:00:15 localhost.localdomain systemd[1]: Started System Logging Service.
12月 25 20:00:15 localhost.localdomain rsyslogd[1338]:  [origin software="rsyslogd" swVersion="8.37.0-13.el8" x
```

图 11-5   查看 rsyslog 服务的运行状态

231

rsyslog 服务的配置文件是/etc/rsyslog.conf，下面对该配置文件做简要说明。

```
# rsyslog configuration file

# For more information see /usr/share/doc/rsyslog-*/rsyslog_conf.html
# or latest version online at http://www.rsyslog.com/doc/rsyslog_conf.html
# If you experience problems, see http://www.rsyslog.com/doc/troubleshoot.html

#### MODULES ####

module(load="imuxsock"              # provides support for local system logging
  SysSock.Use="off")                # Turn off message reception via local log socket;
                                    # local messages are retrieved through imjournal now.
module(load="imjournal"             # provides access to the systemd journal
        StateFile="imjournal.state")       # File to store the position in the journal
#module(load="imklog")   # reads kernel messages (the same are read from journald)
#module(load"immark")    # provides --MARK-- message capability

# Provides UDP syslog reception
# for parameters see http://www.rsyslog.com/doc/imudp.html
#module(load="imudp") # needs to be done just once
#input(type="imudp" port="514")

# Provides TCP syslog reception
# for parameters see http://www.rsyslog.com/doc/imtcp.html
#module(load="imtcp") # needs to be done just once
#input(type="imtcp" port="514")
```

在这段配置文件中，比较重要的是# module(load="imudp")和#input(type="imudp" port="514")这两行，取消 port="514"行注释后，表示允许 514 端口接收使用 UDP 转发过来的日志。这样可以把本主机配置为集中式的日志服务器，允许接收并存储其他主机的日志，提高了整个系统的安全性。module(load="imtcp")和 input(type="imtcp" port="514")的功能类似，只不过采用的是TCP。

```
#### RULES ####

# Log all kernel messages to the console.
# Logging much else clutters up the screen.
#kern.*                                          /dev/console

# Log anything (except mail) of level info or higher.
# Don't log private authentication messages!
*.info;mail.none;authpriv.none;cron.none                 /var/log/messages
```

```
# The authpriv file has restricted access.
authpriv.*                                                  /var/log/secure

# Log all the mail messages in one place.
mail.*                                                     -/var/log/maillog

# Log cron stuff
cron.*                                                      /var/log/cron

# Everybody gets emergency messages
*.emerg                                                    :omusrmsg:*

# Save news errors of level crit and higher in a special file.
uucp,news.crit                                             /var/log/spooler

# Save boot messages also to boot.log
local7.*                                                   /var/log/boot.log
```

这部分定义了不同类型和级别的日志存放位置。例如，*.info;mail.none;authpriv.none; cron. none/var/log/messages 表示除 mail 日志、authpriv 日志和 cron 日志之外，其他所有类型 info 级别及以上的日志都存放在/var/log/messages 下。

值得注意的是，在上述代码中，-/var/log/maillog 中包含 "-"，代表每当有新日志产生时，rsyslog 会先写入缓存，而不是立即更新日志文件，只有当缓存写满时才会批量更新日志文件。这样可以减少写文件的次数。通常，日志信息较多而且不是特别重要时，可以采用这种策略。

下面给出 rsyslog.conf 的日志记录规则。

• .代表该类型的且级别比.后面内容的级别高的（包括该级别）日志都要被记录下来，其中.前面为日志类型，.后面为日志级别。例如：mail.info 表示 mail 类型的且级别高于或等于 info 的日志都被记录下来。

• .= 代表等于该级别的日志都要被记录下来。

• .! 代表不等于该级别的日志都要被记录下来。

• .none 表示该类型的日志都不做记录。

• .*表示任意类型或者级别都要被记录下来。

举例如下。

cron.none   不记录 cron 类型的任何信息。

cron.=err   cron 类型只记录 err 级别的日志信息。

cron.err   记录 cron 类型中 err 级别和更高级别的日志信息。

cron.!err   cron 类型中除 err 级别外的其余级别信息都记录。

而日志记录的位置有 3 种类型。

• 本地日志文件。通常在/var/log 目录下，比如系统安全级别的日志记录和用户认证的日志记录在/var/log/secure 下。

- 远程日志服务器。

- 直接显示在屏幕上。

【例 11-12】自定义 sshd 日志类型及日志文件。

系统将 sshd 产生的日志定义为 authpriv 类型，保存在/var/log/secure 下。自定义 sshd 的日志类型为 local0，并保存在/var/log/sshdlog 文件中。

具体操作步骤如下。

（1）在 sshd 配置文件 vi /etc/ssh/sshd_config 中，修改 SyslogFacility AUTHPRIV 为 local0 类型。

```
# Logging
# obsoletes QuietMode and FascistLogging
# SyslogFacility AUTH
# SyslogFacility AUTHPRIV
# LogLevel INFO
SyslogFacility local0
```

（2）修改 rsyslog 配置文件。首先打开配置文件。

```
[root@localhost ~ ] # vi /etc/rsyslog.conf
```

在其中添加如下内容：

```
local0.*                         /var/log/sshd.log
```

（3）重启 sshd 服务和 rsyslog 服务。

```
[root@localhost ~ ]# service rsyslog restart
```

| 关闭系统日志记录器： | [确定] |
| 启动系统日志记录器： | [确定] |

```
[root@localhost ~ ]# service sshd restart
```

| 停止 sshd： | [确定] |
| 正在启动 sshd： | [确定] |

（4）测试并查看日志，结果如图 11-6 所示。

```
[root@localhost ~ ]# ssh root@localhost          #登录本机测试
[root@localhost ~ ]# journalctl -u sshd          #查看日志结果
```

```
[root@localhost ~]# ssh root@localhost
root@localhost's password:
Last login: Mon Dec 26 08:13:51 2022 from ::1
[root@localhost ~]# journalctl -u sshd
-- Logs begin at Sun 2022-12-25 20:00:01 EST, end at Mon 2022-12-26 08:17:16 EST. --
12月 25 20:00:12 localhost.localdomain systemd[1]: Starting OpenSSH server daemon...
12月 25 20:00:12 localhost.localdomain sshd[1065]: Server listening on 0.0.0.0 port 22.
12月 25 20:00:12 localhost.localdomain sshd[1065]: Server listening on :: port 22.
12月 25 20:00:12 localhost.localdomain systemd[1]: Started OpenSSH server daemon.
12月 26 08:12:31 localhost.localdomain sshd[8967]: Accepted password for root from ::1 port 33852 ssh2
12月 26 08:12:31 localhost.localdomain sshd[8967]: pam_unix(sshd:session): session opened for user roo
12月 26 08:13:51 localhost.localdomain sshd[9022]: Accepted password for root from ::1 port 33854 ssh2
12月 26 08:13:51 localhost.localdomain sshd[9022]: pam_unix(sshd:session): session opened for user roo
12月 26 08:17:16 localhost.localdomain sshd[9100]: Accepted password for root from ::1 port 33856 ssh2
12月 26 08:17:16 localhost.localdomain sshd[9100]: pam_unix(sshd:session): session opened for user roo
```

图 11-6　查看 sshd 日志结果

2. 使用 Logrotate 管理日志

Logrotate 程序是一个日志文件管理工具，用于删除旧的日志文件，并创建新的日志文件，人们把这个过程叫作"转储"。Logrotate 程序可以根据日志文件的大小和天数来转储，这个过程一般通过 cron 程序执行。Logrotate 程序还可以用于压缩日志文件，以及发送日志到指定的电子邮箱。

Logrotate 的优点如下。

● Logrotate 通过让用户配置规则的方式检测和处理日志文件。配合 cron 可让处理定时化。

● Logrotate 预置了大量判断条件和处理方式，可大大减轻手写脚本的负担并减小出错的可能。

● Logrotate 检测日志文件属性，比对用户配置好的检测条件，对满足条件的日志再根据用户配置的要求进行处理，可以通过 cron 实现定时调度。

Logrotate 的配置文件是/etc/logrotate.conf，主要参数如下。

compress：通过 gzip 压缩转储以后的日志。

nocompress：不需要压缩时，用这个参数。

copytruncate：用于打开中的日志文件，备份当前日志并截断。

nocopytruncate：备份日志文件但是不截断。

create mode owner group：转储文件，使用指定的文件模式创建新的日志文件。

nocreate：不创建新的日志文件。

delaycompress：和 compress 一起使用时，转储的日志文件到下一次转储时才压缩。

nodelaycompress：覆盖 delaycompress 参数，转储的同时压缩。

errors address：转储时的错误信息发送到指定的电子邮箱。

ifempty：即使是空文件也转储，是 Logrotate 的默认参数。

notifempty：如果是空文件，不转储。

mail address：把转储的日志文件发送到指定的电子邮箱。

nomail：转储时不发送日志文件。

olddir directory：转储后的日志文件放入指定的目录，必须和当前日志文件在同一个文件系统中。

noolddir：转储后的日志文件和当前日志文件放在同一个目录下。

prerotate/endscript：转储以前需要执行的命令可以放入这个标记对中，这两个关键字必须单独成行。

postrotate/endscript：转储以后需要执行的命令可以放入这个标记对中，这两个关键字必须单独成行。

daily：指定转储周期为每天。

weekly：指定转储周期为每周。

monthly：指定转储周期为每月。

rotate count：指定日志文件在删除之前转储的次数，值为 0 指没有备份，值为 5 指保留 5 个备份。

Logrotate 默认的配置如下。

```
# see "man logrotate" for details
# rotate log files weekly
weekly

# keep 4 weeks worth of backlogs
```

```
rotate 4

# create new (empty) log files after rotating old ones
create

# use date as a suffix of the rotated file
dateext

# uncomment this if you want your log files compressed
#compress

# RPM packages drop log rotation information into this directory
include /etc/logrotate.d

# no packages own wtmp and btmp -- we'll rotate them here
/var/log/wtmp {
        monthly
        create 0664 root utmp
        minsize 1M
        rotate 1
}

/var/log/btmp {
        missingok
        monthly
        create 0600 root utmp
        rotate 1
}

# system-specific logs may be also be configured here.
```

Logrotate 命令使用如下。

- logrotate /etc/logrotate.conf：重新读取配置文件，并对符合条件的文件进行备份。
- logrotate -d /etc/logrotate.conf：调试模式，输出调试结果，但并不执行。
- logrotate -f /etc/logrotate.conf：强制模式，对所有相关文件进行备份。

项目小结

安全是计算机系统中非常重要的一个话题，本项目针对用户账户安全、登录安全和网络安全 3 个方面进行了相关安全设置知识的简要介绍，使读者通过对日志相关知识的学习，对系统的运行有更深入的了解。在实际工作中，读者还需要更多地学习来进一步掌握 Linux 安全相关的操作。

项目实训　Linux 安全设置及日志管理综合实训

1. 实训目的
（1）掌握 Linux 中的账户和登录安全设置。
（2）掌握 Linux 中的网络安全设置。
（3）掌握 Linux 中日志文件的使用。

2. 实训内容
（1）修改用户权限。
（2）修改用户密码。
（3）禁止连接请求响应。
（4）使用 chkconfig 查询系统服务。
（5）使用 iptables 命令开放端口 21。
（6）使用 who 命令查看用户登录日志信息。
（7）使用 lastlog 命令显示所有用户的最后登录信息。
（8）使用图形化工具查看日志。
（9）使用 tail 命令查看系统日志。
（10）修改 Logrotate 规则。

综合练习

1. 选择题
（1）修改用户自身的密码可使用（　　　）。
    A. passwd
               B. passwd-d　mytest
    C. passwdmytest
           D. passwd-l
（2）若要使 PID 进程无条件终止，应该使用的命令是（　　　）。
    A. kill-9
      B. kill-15
      C. killall-1
      D. kill-3
（3）iptables 命令中，源网络地址转换的动作参数为（　　　）。
    A. ACCEPT
    B. DROP
      C. REDIRECT
    D. SNAT
（4）用户的密码保存在文件（　　　）中。
    A. /etc/passwd
  B. /etc/shadow
    C. /etc/sudoers
    D. /etc/hosts
（5）下列不属于日志级别的是（　　　）。
    A. info
      B. notice
      C. message
    D. err(error)
（6）系统报错日志将会被记录在文件（　　　）中。
    A. /var/log/dmesg
          B. /var/log/messages
    C. /var/log/cron
          D. /var/log/wtmp
（7）若需要配置 iptables 防火墙使内部网络用户通过 NAT 方式共享上网，可以在（　　　）中添加 MASQUERADE 规则。

A. filter 表内的 OUTPUT 链　　　　B. filter 表内的 FORWARD 链

C. nat 表中的 PREROUTING 链　　　D. nat 表中的 POSTOUTING 链

（8）在 RHEL 系统的命令行界面中，若设置环境变量（　　　）的值为 60，则当用户超过 60s 没有任何操作时，将自动注销当前所在的命令行终端。

A. TTL　　　　　　B. IDLE_TTL　　　　C. TMOUT　　　　D. TIMEOUT

（9）若需要禁止 root 用户以 SSH 方式登录服务器，可以在服务器上的 sshd_config 文件中进行（　　　）设置。

A. PermitRootLogin no　　　　　　B. DenyRoot yes

C. RootEnable no　　　　　　　　D. AllowSuperLogin no

（10）设置 iptables 规则时，以下（　　　）动作用于直接丢弃数据包。

A. ACCEPT　　　　B. REJECT　　　　C. DROP　　　　D. LOG

2. 判断题

（1）通过/etc/users 文件可以查看系统中所有存在的用户。（　　　）

（2）IP 地址伪装是改变从本机发出的 IP 数据包的源地址，达到冒充别的计算机的目的。（　　　）

（3）取消不必要服务的第一步是检查/etc/inetd.conf 文件，在不必要的服务前加"#"。（　　　）

（4）ping 命令使用的是 UDP。（　　　）

（5）/etc/passwd 文件用户信息中包含一个 x，这里 x 代表没有密码。（　　　）

（6）系统鉴别 root 用户的依据是：用户名是 root 的用户即 root 用户。（　　　）

（7）通常使用 tail 命令查看用户的登录情况。（　　　）

（8）系统中的用户可以通过 passwd 命令修改自己的密码。（　　　）

3. 简答题

（1）如何配置 SSH 拒绝 test.com 域（165.25.36.0/16）网络访问？

（2）简述不同系统日志的查看方法。